自然风庭院

高钰琛　郑文霞　郑亚男　高红———著

NATURAL GARDEN

江苏凤凰美术出版社

目录

PART ✿ 1

现代自然

生态自然观下的现代庭院

在钢筋水泥的现代都市中，人与自然的关系日益疏远，庭院成为人们亲近自然、感受自然的主要空间。现代庭院通过对住宅附属场地的精心规划，促使人与自然和谐共生。

一、功能实用性与生态可持续性是首要考虑的设计起点

对于居住空间而言，现代庭院设计不仅是为了观赏，更多地融入了人们日常生活的使用需求，美观与实用兼备的同时，还要考虑如何实现对自然资源的节约和环境的保护。例如，在设计中加入雨水收集系统、可再生材料的铺装等环保元素，可以使庭院成为一个能够自我维持的小型生态系统，减少人类活动对环境的负面影响。

此外，设计还关注庭院在不同季节的使用功能，通过灵活的形式和结构改变空间实现遮阳、通风设计，使庭院冬暖夏凉。例如，在夏季可以通过设置遮阳棚、种植阔叶植物来遮挡太阳直射，冬季则可以通过开阔的采光设计提高庭院的温度，提升舒适度，这样既满足了居住者的需求，也减少了能源的浪费。

二、运用无边界设计手法实现人工建造物与周围生态环境的自然融合

在空间处理手法上，现代庭院受生态哲学观的引领而追求自然意境，让庭院成为自然的一部分，每一处细节的布置，每一种材料的选择，都是人们对自然意境的理解和表达，在模糊互融的过程中形成一种内在的平衡与和谐。

无边界法的具体设计策略包括使用透明材料、自然过渡的植物边界等手法，在视觉上获得延展效果，形成与周围环境的无缝衔接。植被、岩石、水景等自然元素的巧妙融合，使庭院与周围景观浑然一体，打破了传统庭院封闭内向的设计局限。又如，现代庭院常利用曲折水系或假透视原理来延展空间，增强场地与外部环境的联系。此外，现代庭院常会在边界区域种植草坪、乡土树木等植被去模糊边界，延伸视觉效果，使身处其间的人们感受到无边界的自然氛围。

无边界的庭院对于自然生态的功能构建同样起着重要作用，如引入本土植物以吸引鸟类和昆虫，构建小型生态系统，实现景观的可持续发展。其设计理念让居住者无须离开住所便能置身自然，真正实现了人在居住环境中与自然的深层互动。

三、简朴构图的几何空间设计是彰显功能美与反衬自然美的妙计良方

几何空间美学是现代庭院设计的特质之一，通过简洁、明快的几何线条来体现庭院的干练与简约。它不仅是对视觉美学的追求，更是对实用功能与自然生态的一种回应。

最清晰的功能划分往往都是通过简练的直线和曲线来完成的。院中的道路、草地、水景以及亭台的形态构成，首先需要保证与居住者的行为规律及尺度实现最佳贴合，其次便是形成与周围自然景观的对比和衔接。合理的曲直搭配，能在庭院中营造出静态与动态的空间效果，而这种效果正是通过人的居住生活图画与自然生态背景的互动形成的。其最终态凝练了合乎逻辑的现实推演结果。

庭院中的几何设计不仅是形式上的美观，还可以通过结构的合理性带来生态效益。例如，水景中的几何形状设计可以优化水的流动路径，促进水循环，避免蚊虫滋生；地面铺装可以采取透水性铺装，使雨水能够下渗到土壤中，形成天然的水循环系统。通过几何美学与生态功能的结合，现代庭院不仅能展现形式美，更能实现人与生态自然的和谐共生。

云岚逅院

项目地点：河南焦作

花园面积：2 000 m²

设计风格：现代自然

工程造价：30 万元

设计师：杜强

设计 / 施工：阡上景观 /Discover scape

获奖：第十四届园冶杯专业奖城市设计类金奖、第六届 LIA 园匠杯国际竞赛银奖

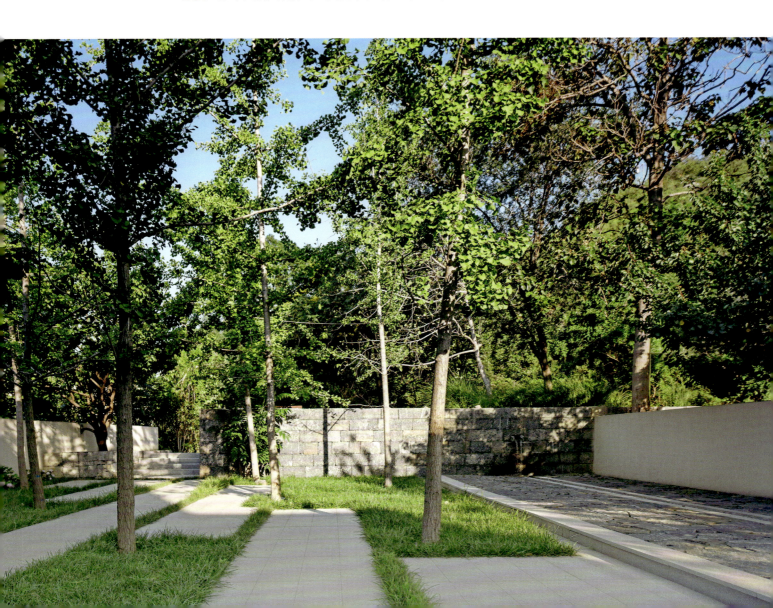

■ 项目概况

大山脚下有人家。作为民宿项目，以大山为背景，我们希望营造返璞归真、朴实自然的环境。在这里，游客可以卸下生活的重担，远离城市的喧哗，尽情享受生活的真实美好。

场地环绕建筑自然形成西、南、北三个院落空间。西院正对通往景区的主干道，是未来的主要入口。这里地势比南院高4m，北侧有五棵杏树成排生长，恰好与建筑呈垂直关系，南侧也有两棵杏树长势良好。我们设想这个院子是未来游客初见大山的地方，如何将大山展现给游客，或者说游客以什么方式看见大山是需要考虑的问题。

南院紧邻通往村落的主道路，它以大山为背景，是建筑的主要朝向面。此地正对一片茂密的柏树林，西侧内凹处是邻居家的山墙面。这里被大山包围，一种静谧的力量感主导着整个院落。

北院更靠近大山，地势北高南低，成片的杏树林覆盖着场地。这里是连接大山和建筑的纽带，更适合人们走进大山，亲近自然。

看见大山，被大山包围，再到走进大山，这三个庭院的氛围已经明确。我们努力克制自己的设计欲望，尽量退到幕后，用极少的语言去建立场地与大山的关系。

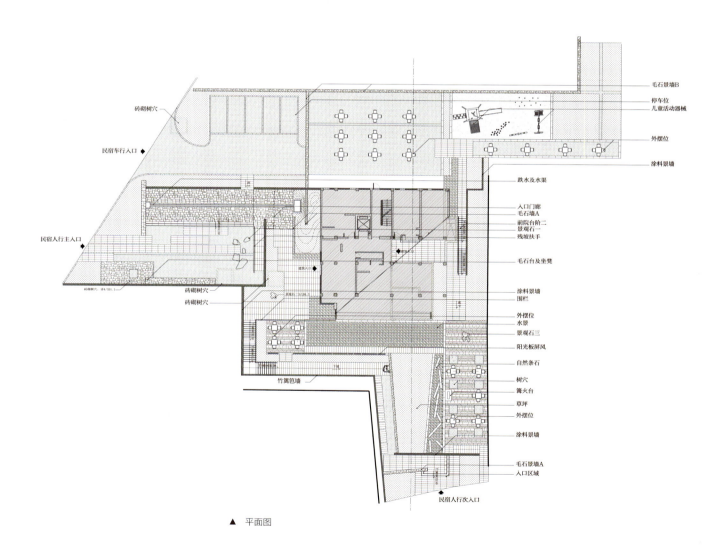

▲ 平面图

注：本书图中尺寸除注名外，单位均为毫米。

■ 西院

经过粗糙的毛石景墙，走过四步台阶，嘈杂的环境被隔离在外。缓缓步入银杏林，透过稀疏的枝叶，依稀可见云台山的轮廓。踏上凹凸的毛石台，感受到大山肌理的同时，山的雄壮身姿也清晰可见。潺潺的流水诉说着此地的幽静，长长的水渠引导人们在不知不觉中步入建筑。

五棵成排的杏树被白墙阻隔在外，成为空间的背景。

靠近入口的杏树被毛石台包裹，彰显着场地朴实的特质。

西院的毛石台，我们最初是想用厚重的毛石块铺设，因为成本高、施工难度大，业主一度想用小青砖替代。设计师认为，如果换成小青砖，整个氛围就会大打折扣，无法接住大山散发出来的力量感。一度僵持之后，终于在当地找到了一种板状的灰色毛石，最终效果还是令人比较满意的。

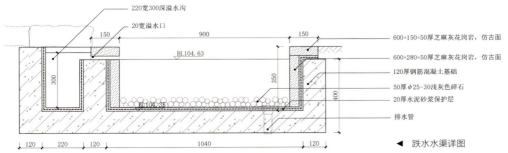

◀ 跌水水渠详图

▼ 毛石矮墙

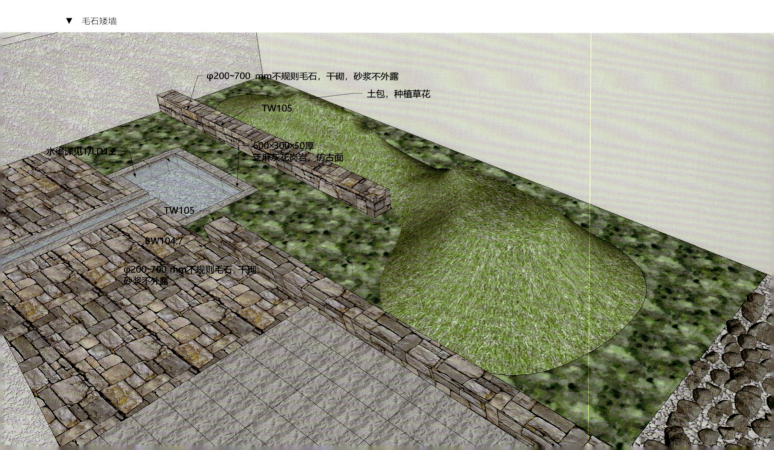

φ200~700 mm不规则毛石，干砌，砂浆不外露

土包，种植草花

TW105

水渠详见17LD12

600×300×50厚
芝麻灰花岗岩，仿古面

TW105

BW104.7

φ200~700 mm不规则毛石，干砌，
砂浆不外露

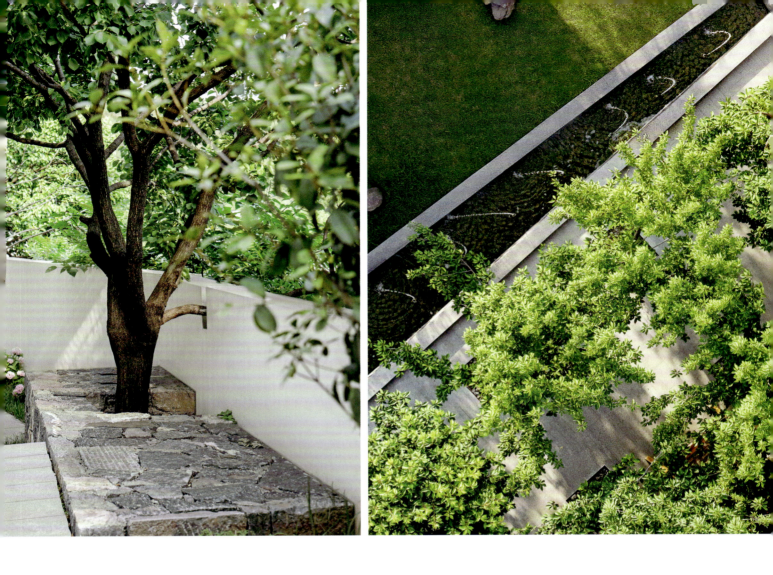

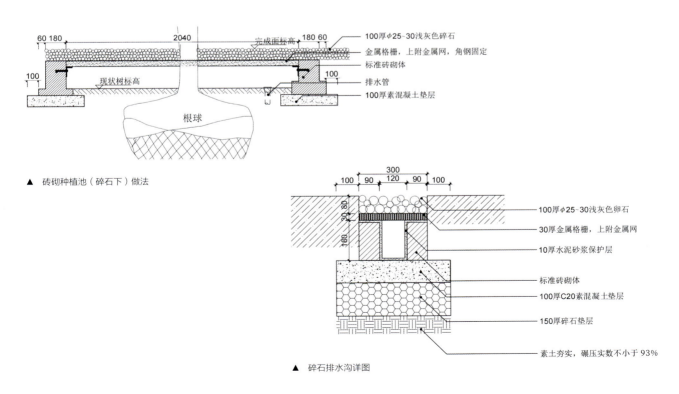

| 60 | 180 | 2040 | 完成面标高 | 180 | 60 | 100厚φ25~30浅灰色碎石 |

金属格栅，上附金属网，角钢固定

标准砖砌体

100 现状树标高 100 排水管

100厚素混凝土垫层

根球

▲ 砖砌种植池（碎石下）做法

| | 300 | |
| 100 | 90 | 120 | 90 | 100 |

100厚φ25~30浅灰色卵石

30厚金属格栅，上附金属网

10厚水泥砂浆保护层

标准砖砌体

100厚C20素混凝土垫层

150厚碎石垫层

素土夯实，碾压实数不小于93%

▲ 碎石排水沟详图

■ 南院

　　"曲径通幽处，禅房花木深"，或许更能表达这里的意境。河石砌筑的景墙与白墙交错形成入口形象，一粗一细的对比相得益彰。场地中心的梯形草坪通过假透视的原理增强场地与外围柏树林的关系，同时也在视觉上拉大了场地的空间感受。落英缤纷时节，成排的樱花林也成为游客的打卡景点。

　　南院的景墙，最初是想用杂色的方形毛石砌筑，反复寻找无果后，当地随处可见的河石却成了意外收获。

▼ 前院入口

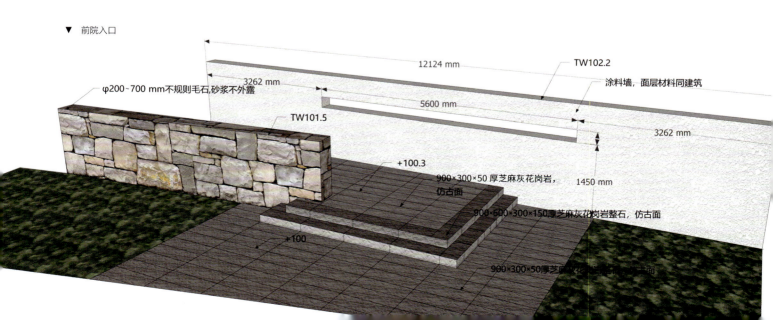

φ200~700 mm不规则毛石,砂浆不外露

TW101.5

TW102.2

涂料墙，面层材料同建筑

12124 mm

3262 mm

5600 mm

3262 mm

+100.3

1450 mm

900×300×50 厚芝麻灰花岗岩，
仿古面

900×600×300×150厚芝麻灰花岗岩整石，仿古面

+100

900×300×50厚芝麻灰花岗岩，仿古面

北院

　　这里没有围墙，是大山向南延伸的一部分，严格意义上来讲它不是院，而更像园。我们顺应场地，进行台地式处理，地面铺设碎石和草坪，让人更方便走进自然，亲近自然。

　　北院的设计，起初设想用成排的杏树序列排布产生延伸到大山的感觉，经过反复修改，最终采用了最低干预的设计，也是最贴切的处理方式。

总结

　　与传统地产项目不同，业主是当地农民，施工人员也是当地农民。在项目推进过程中，因为认知的差异，产生过很多分歧，相互之间也很难理解。他们看不懂图纸，甚至放线都是由设计师带着工人完成，最少的土方量、简单、易做等字眼被反复提及。来回拉扯之后，我们也理解在他们所处的环境中很难做到精细，只能随"野"就"野"，这或许也是民宿的魅力所在。

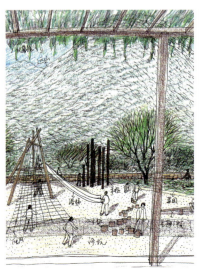 

现代自然
02

爱的盛宴

项目地点： 浙江杭州

花园面积： 140 m²

设计风格： 现代自然

工程造价： 30 万元

设计师： 张成成

设计： 杭州漫园园林工程有限公司

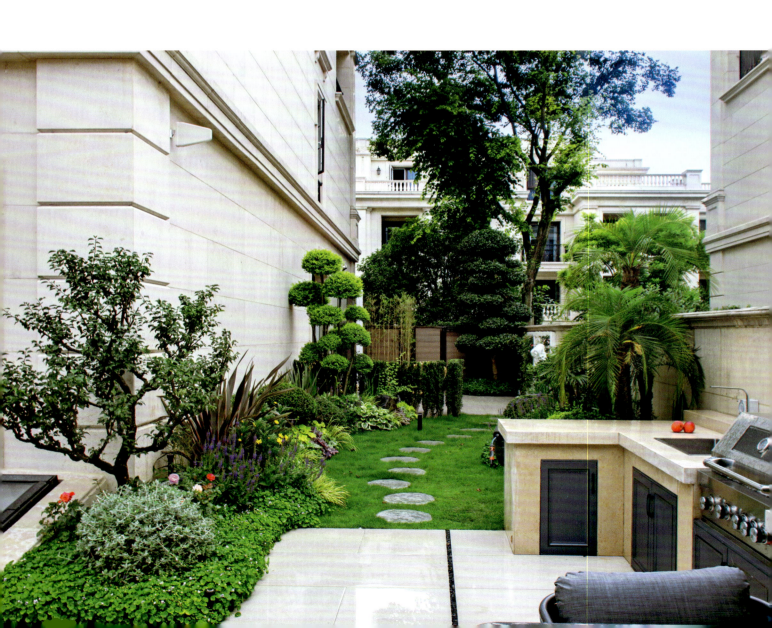

■ 项目概况

　　业主是一位心思细腻的男士，偏爱浪漫的氛围，喜欢弧形线条，若隐若现的视线，带设计感的家具，同时也要求院子比较整洁，方便打理。

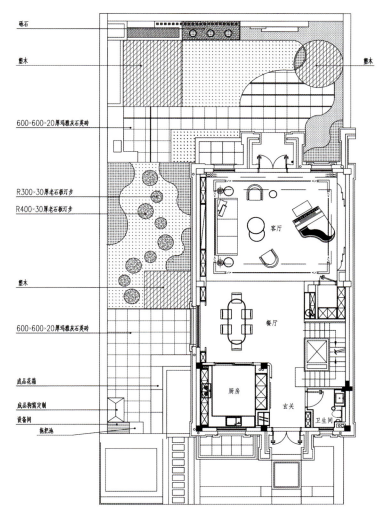

砾石

塑木

塑木

600×600×20厚玛雅灰石英砖

R300×30厚老石板汀步
R400×30厚老石板汀步

塑木

600×600×20厚玛雅灰石英砖

成品花箱

成品狗窝定制
设备网
擦把池

客厅

餐厅

厨房

玄关

卫生间

▲ 铺装平面图

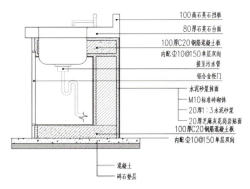

100高石英石挡板
80厚石英石台面
100厚C20钢筋混凝土板
内配Φ10@150单层双向
接至污水管
铝合金柜门

水泥砂浆抹面
M10标准砖砌体
20厚1:3水泥砂浆
20厚芝麻灰花岗岩贴面
100厚C20钢筋混凝土板
内配Φ10@150单层双向

混凝土
碎石垫层

▲ 操作台做法详图

▌设计细节

设计延续东方美学特质，将空间元素按传统方式布局，结合实际体验与功能进行考量重组，引入现代设计形式，营造出简洁轻快且富有张力的庭院景观。后院通道既具私密性，又保证了光照和通透性，使这个狭窄的空间变得丰富有趣，成为一处静谧而闲适的休憩之地。

花园面积较小，设计动线时，充分考虑了空间的最大利用率。配置流水景墙、各色花卉以及休闲平台，使空间利用多元化，休憩空间与行走路径互不干扰，煮茶、烧烤、聊天、看书，心灵在这里得到舒缓和慰藉。

洁净的铺装勾勒出优美的钢琴曲线，合适的比例、美观的材料、清晰的细节，在设计想法、材料运用、效果呈现上倾注了设计团队的情感，不同程度上体现花草之美的同时，也更加关注与自然环境的协调和对空间的合理利用。

植物配置以粉色玫瑰和蓝色绣球为主，形式上体现了自然植物与规整铺地的融合，色彩的选择亦有异曲同工之妙。空间线条在生硬与柔和之间自然过渡，传递出一种宁静和谐的氛围。

花是美好的使者，承载着爱人的思念。玫瑰花流水景墙下浮动着银辉，波光粼粼，鱼翔浅底，嬉戏于荷叶之间。自然光影映衬着深浅不一的植物色彩，提升质感的同时也使规整的空间变得有趣起来。玫瑰永远不会凋零，犹如爱的盛宴永不落幕。

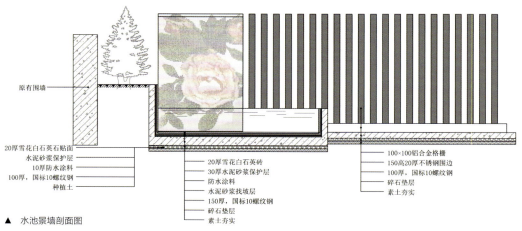

原有围墙

20厚雪花白白石英石贴面
水泥砂浆保护层
10厚防水涂料
100厚，国标10螺纹钢
种植土

20厚雪花白白石英砖
30厚水泥砂浆保护层
防水涂料
水泥砂浆找坡层
150厚，国标10螺纹钢
碎石垫层
素土夯实

100×100铝合金格栅
150高20厚不锈钢围边
100厚，国标10螺纹钢
碎石垫层
素土夯实

▲ 水池景墙剖面图

现代自然
03

翡翠花园

项目地点：上海
花园面积：564 m²
设计风格：现代自然
设计师：朱伟国、朱茱
设计 / 施工：上海东町景观设计工程有限公司
获奖：第八届中国花园设计大奖赛"园集奖"优秀设计奖

■ 项目概况

　　这是一个改造项目，客户找到我们的时候，发现花园刚刚完工，甚至上一家施工队还在现场进行收尾工作。和客户详细沟通后，我们最终决定保留原始的基本框架，

景观处理上充分考虑客户需求，用现代简洁的设计手法为客户打造一个放松、干净、有质感的花园。

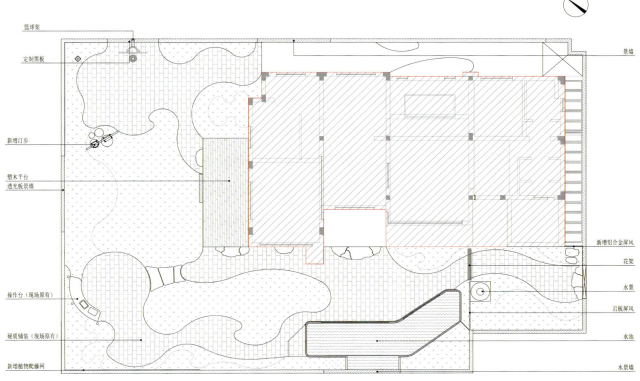

北

篮球架
定制黑板
景墙

新增汀步
塑木平台
透光板景墙

新增铝合金屏风
花架
水景
岩板屏风
水池
水景墙

操作台（现场原有）
硬质铺装（现场原有）
新增植物爬藤网

▲　平面图

■ 入户花园

　　入口处的花园是改造重点，通过种植开花植物、建造灯光廊架和"掌上明珠"的球状流水增添亮点。以灯光和流水融合，将业主和孩子未来的成长与记忆

融入花园。入口较长，设计廊架和背景墙，形成入户花园，增加趣味性。廊架后期会逐渐被植物覆盖，增添美观度。

装饰墙设计

园中的装饰性物品都带有深意。装饰墙暗含星座图案，与业主及其家人的星座相关联，通过金属雕刻和灯光处理，将其融入景中。墙面采用拼接岩板，保持图案连贯。

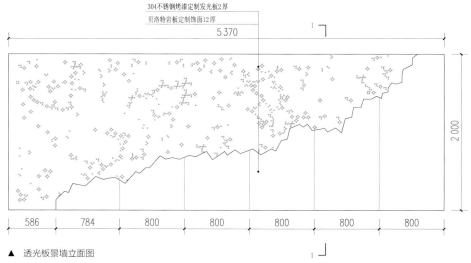

304不锈钢烤漆定制发光板2厚
贝洛特岩板定制饰面12厚

5 370

2 000

586 | 784 | 800 | 800 | 800 | 800 | 800

▲ 透光板景墙立面图

休闲区

泳池作为园中亮点，具有多重功能，如美化庭院、锻炼身体、放松心情和增加房屋价值。选择鲜艳的马赛克铺装，别具特色。泳池外壁采用米白色水磨石搭配蓝调，突出质感。岩板和围墙配色一致，使空间更加和谐统一。

对于有孩子的家庭，我们推荐添加秋千，既不占用太多空间，也适合各年龄段人员使用，增添趣味性。

布局花园时，我们对是否设置BBQ区域产生了分歧。实际上，它就是一个操作台，洗手池是焦点之一，这样的空间适合下午茶和聚餐。为适当增加景观性，此区域选用合适的材料和构建元素，搭配灯光和绿植营造氛围。

■ 天井

　　天井的景观处理需要考虑植物的打理，选用沙生植物并配以沙漠化岩壁材质。下沉空间需适当添加灯光辅助光照，墙上运用仿真苔藓与岩壁相配衬，营造立体感。

現代自然
04

加州剧本

项目地点：重庆
花园面积：150 m²
设计风格：现代自然
工程造价：35 万元
设计 / 施工单位：MUSO | 木守景观
摄影：MUSO 木守

■ 项目概况

业主是一位年轻海归，希望能把留学时期的环境印象带回重庆，我们把目光投向美国加州，建立一个具有加州印象的风格庭院。

■ 设计细节

北方的森林植被，南方的沙漠岩石，东部的高山屏障，西部的蓝色海岸，通过对加州地理景观的印象整理，展现在这个略带雕塑感的空间中。

庭院平面大致为长方形，空间较为封闭，在这样一个干净内向的环境中，我们布置了一系列的象征性元素，充分展现加州的气候和地形特征。整个空间大量采用暖色系材料及少量银灰色植物，在种植表面铺以碎石，模拟"沙漠"，营造热烈的荒漠风光。

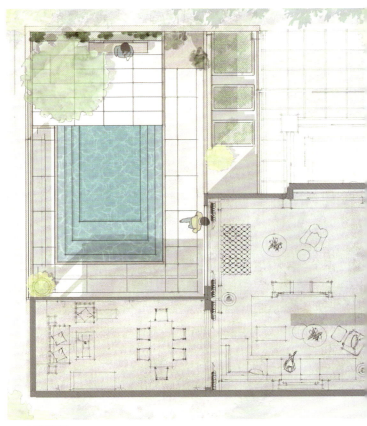

▲ 庭院平面图

高墙似高山屏障，建立庭院的空间边界，隔绝外部的不利因素，同时塑造内部的独有界面。种一棵油橄榄，与高山芦荟互相映衬，太阳透过树枝洒在沙漠色的地板及墙面上，连光影都是柔美的。

设计把一系列规则石材和不规则的岩石以一种看似随意的方式置于庭院高墙角落，想以此唤起对加州自然景观的联想。岩石厚重而坚硬，让庭院与自然既有分隔又产生联系。这些具有特征寓意的组成部分，也试图创造出一种属于此处内心独有的冥想空间。

淡蓝色的池水，呼应了加州西部的蓝色海岸线。傍晚，夕阳洒下余晖，水池如同一面干净的镜子，倒映着庭院空间里的一切。

墙面与地面均采用了户外暖色石英砖，两者材料和谐统一，缝隙里点缀的岩石块让沙漠色感更为强烈。

整块玻璃栏杆让视线变得通透轻盈，没有遮挡，采光极好，此时的光影关系是温柔的，油橄榄可以在镜面玻璃上肆意"作画"。

植被

海岸

岩石

陆地

▲　概念叠加

金色维也纳

项目地点：上海
花园面积：800 m²
设计风格：现代自然
设计 / 施工：上海沙纳景观设计
摄影：SARAH、KEVIN

■ 项目概况

项目位于世纪公园东侧，邻近九间堂别墅。小区环境优美，规划合理，交通便利，周边设施齐全。设计师对花园进行了深入观察和分析，与业主反复沟通，旨在为后续设计提供灵感和参考。

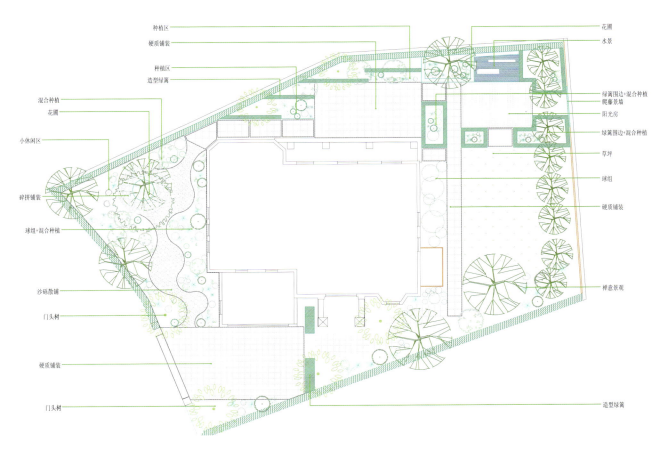

种植区
硬质铺装
种植区
造型绿篱
混合种植
花圃
小休闲区
碎拼铺装
球组+混合种植
沙砾散铺
门头树
硬质铺装
门头树

花圃
水景
绿篱围边+混合种植
爬藤景墙
阳光房
绿篱围边+混合种植
草坪
球组
硬质铺装
禅意景观
造型绿篱

▲ 平面图

■ 设计细节

尊贵府邸、绿意私享的奢华花园，是主人与自然亲密接触的天堂。海洋草坪、户外客厅、休闲凉亭私密而舒适，是欢聚和放松的理想天地。在这里，居住者与大自然亲密共舞，每一片草叶都记录着主人对生活的热爱。

花园仿佛仙境一般，大片的草坪延伸开来，犹如生机蓬勃的绿色海洋，是家人与朋友放松心情、尽情嬉戏的天地。漫步其间，沉浸在草坪的柔软中，仿佛置身梦境。

独特的户外凉亭是花园的一大亮点。它巧妙地融入园中，让人在清风拂面中感受大自然的拥抱。凉亭布置雅致，是主人沐浴阳光、品味美酒的绝佳之所。在这里，居住者与大自然亲密互动，享受着恬静与活力并存的时光。

令人心驰神往的户外客厅也是花园的亮点之一。其细致考究的家具、柔软的靠垫，每件用品都散发着惬意的气息，与自然的绿色环境无缝衔接，成为室外生活的延伸，是欢笑聚会、品茶闲聊的理想场所。

这里不仅仅是一处居所，更是一种生活的态度，一种对美好生活的追求。它超越了传统的住宅定义，更像是一个与家人、朋友们欢聚的度假胜地，每一处设计都体现了对生活品质的追求，让居住其中的人们能够在日常中感受自然的温暖，享受生活的美好。

马峰窝花园

项目地点：北京
花园面积：400 m²
设计风格：自然杂货风
工程造价：40 万元
设计师：佟亚荣
设计 / 施工：北京和平之礼造园机构

■ 项目概况

花园部分依附于建筑北侧，据园主介绍，自己打理已达两年之久。考虑到北京灰尘较大，院子内除了留有树穴的位置，其余全做硬化地面，植物也选择用盆栽，用郊区淘来的老石槽等物件做花器。

花园中央用组合塑木花箱及铁艺花架栽植爬藤月季和紫藤。由于没有自动灌溉设施，盆中的植物极易脱水，

给园主增加了很大的工作量，到了冬季，花卉凋谢，园子里更是一片枯败景象，于是决定请专业团队再一次改造花园。

现场踏勘时，发现园中植物种类良多，园主希望保留原有的铁艺拱形花架和现有植物，原有的老石槽和巨大的石磨盘以及精心收藏的多个园艺摆件也要合理利用。

1. 入院门
2. 沿墙种植
3. 羽毛球场地
4. 沿墙种植
5. 花境
6. 铁艺花拱门
7. 种植区
8. 老石槽
9. 铁艺花廊
10. 卵石铺设
11. 英式花境
12. 磨盘石桌
13. 观赏树
14. 台阶
15. 休闲平台
16. 室内阳光房
17. 台阶
18. 阴生花境
19. 花境
20. 活动空间
21. 遮阳棚架
22. 新增乔木
23. 花境
24. 铁艺花架
25. 休闲座椅
26. 铁线莲花架
27. 雕塑水景
28. 新增乔木
29. 花园木屋
30. 景观树
31. 菜箱
32. 园路

▲ 平面图

设计构思

设计的首要任务就是想办法把现有植物全部落地种植。花园中的"杂货"可以说是园主的宝贝，它们风格不同，却有一定的纪念意义。想要杂货风花园杂而不乱，花园布局是关键，整体布局完成后，再摆放装饰小品为花园增添活力。

保留原有的石榴树、北美海棠、樱花和苹果树，增添了较为高大的美国红枫、五角枫、鸡爪槭、暴马丁香等。

花境中增加欧洲丁香、紫薇、圆锥绣球等花灌木做骨架，丰富中间层次，也便于后期打理。

种植区域用常绿植物做边界，避免植物倒伏或蔓生到路径中。将老石槽花盆点缀在花园的转角处，园主可DIY种植时令花卉，体验种植乐趣。

经过此番改造，马峰窝花园次第花开，疏密有致，园主可约上三五好友喝茶、赏园，尽情享受花园慢生活。

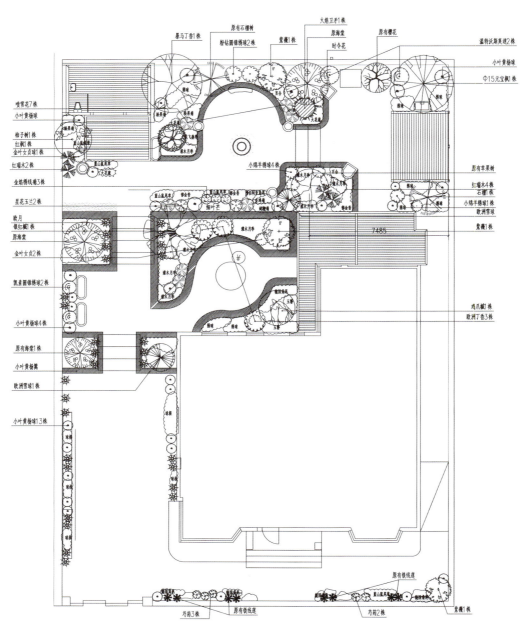

▲ 种植图

■ 前院

前院保留原有硬化空间作为通道及活动场地（后期规划为羽毛球场地）。正式的花园入口由两组铁艺拱门引入，在园中稍做停留后兵分两路，一路穿过月季花廊至花园深处的木屋区。数十种月季优胜劣汰，把适合做爬藤月季的品种根据花色一一梳理，种植在花廊处，春季百花盛开时，这里将成为园中最美的风景。

另一条由卵石铺贴的小路环绕磨盘石桌，而后进入木质平台区域。设计师用卵石将马峰窝花园的名字设计成图案印刻在小路上，赋予了园主与花园特殊的情感。木平台处为建筑阳光房延伸空间，一组户外家具与园主喜爱的园艺摆件就能布置出精致的花园一角。由于室内比花园高出三步台阶，置于平台之上，俯瞰花园景观时，又别有一番风貌。

户外聚会区

　　花园自东向西划分为户外聚会区、雕塑景观区、木屋收纳区三部分，各分区独立存在又相互连接。设计师将园主采购的白色遮阳棚移至花园东侧，棚架处植有一株暴马丁香，花期时可散发出阵阵清香。

雕塑景观区

　　中心处的雕塑水景是花园的视觉焦点，该区留有较多的硬化空间来体现雕塑的庄重感。

木屋收纳区

　　花园西侧端头的木屋尺度经过反复测量，不仅可以收纳园艺工具，还可容纳洗手池、沙发、工作台，方便园主劳作后在屋中小憩。屋旁的独干五角枫在微风中摇曳，为小木屋提供荫凉，弱化木屋的体量感。

山悦潭影

项目地点： 贵州贵阳
花园面积： 466 m²
设计风格： 现代自然
工程造价： 88 万元
设计师： 周应祥
设计 / 施工： 贵州甲天下景观工程有限公司
获奖： 第七届中国花园设计大奖赛"园集奖"优秀作品奖

▌项目概况

本项目由一楼的前花园和负一层的下花园组成，共466 m²。业主希望拥有一个自然格调的庭院，提供舒适、有美感和疗愈心灵的空间。设计师将自然元素与现代风格完美结合，打造一个远离城市喧嚣、与自然为邻的宁静港湾。

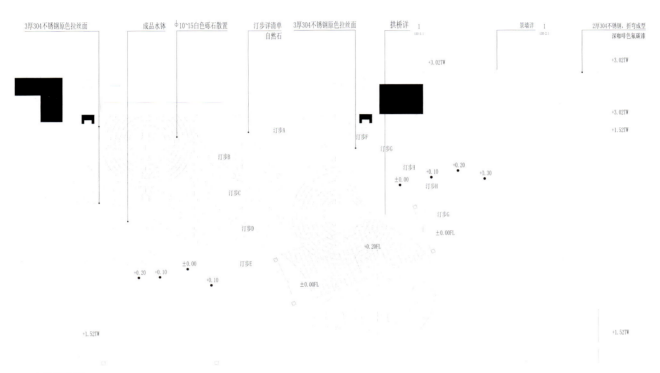

▲　小花园平面图

■ 设计细节

　　庭院入口设计成人车分流，大门外观现代简洁，配上不规则的弧线门楣，显得大气且不平庸。入户隔断采用了玻璃砖，以独特的方式将玻璃元素融入庭院设计，光线通透且具有私密性。

1 人行入户门
2 对景玻璃砖墙
3 车行大门
4 景观围墙
5 户外车位
6 对景景墙
7 枯山水造景小院
8 造型树池
9 休闲花池坐凳
10 下沉式聚会休闲场地
11 观景鱼池
12 跌水景墙
13 出入户平台

▲ 前花园平面图

进入庭院，涓涓水流将人的思绪从繁忙的都市生活中拉回，下沉的卡座空间与水景相互交融，青翠的绿植点缀其间。小憩于此，感觉被周围环境温柔地环抱，身心舒畅。场地在功能上也能成为一楼的户外会客厅，一举多得。

一眼望去，下花园大面积的下沉草坪连接着远山，无疑为设计提供了得天独厚的自然优势。

▲ 后花园平面图

1 出户活动平台
2 景观围墙
3 户外餐区
4 景观汀步
5 户外吧台/取水点
6 景观鱼池
7 跌水花池
8 宠物活动场地
9 休闲木平台
10 花池卡座
11 景观休闲廊架
12 阳光草坪
13 观景木平台
14 连接楼梯
15 花园入户大门

　　从室内客厅向外观望，是潺潺流水的鱼池，蓝天和别具一格的凉亭倒映在水面，相得益彰。各式景观围绕鱼池展开空间布局，相互融合且层次分明，池旁的户外餐厅休闲而有情调。下沉式卡座透过玻璃隔断，可以欣赏到鱼儿在水中畅游的悠闲画面。

　　坐于亭中，浅看鱼游，品茶望远，郁郁葱葱的草坪，遮阴结果的柚子树，花开满树的紫薇，还有那远处的鸟鸣声，大脑不自觉地放空，淡之喧嚣。月季、银叶菊、迷迭香、矾根与原石错落布置，柔软和坚硬碰撞，动静互补，新旧相映，共同延续自然野趣。

　　砾石浅铺，汀步圆润，草坪与天空自然衔接。整个花园的布局，通过空间的相互转换，在视觉上被放大，无论是清晨的阳光还是傍晚的余晖，都让人心旷神怡。

现代自然
08

拾光庭

项目地点：浙江桐乡
花园面积：500 m²
设计风格：现代自然
工程造价：80 万元
设计师：杜强、王晨
设计 / 施工：阡上景观 /Discover scape
获奖：第十四届园冶杯专业奖住区景观类银奖
第八届中国花园设计大奖赛 · 园集奖 · 最佳作品奖 · 最佳创意设计奖

■ 项目概况

此庭院面积不大，周边江南水乡气韵浓厚，场地周围植被浓密。设计师经和业主反复沟通，希望以简约、艺术为切入点营造场地的独特气质。虽然这里距离乌镇很近，但并没有从文化和传统入手，而是试图摆脱这些束缚。

■ 设计细节

低调的木门掩映在绿荫中，推开院门，跌级水台引领着人们缓缓步入其中。走在白色砾石铺装上，沙沙作响，就如行走在沙滩一般。

小院没有夸张的形式，以白色砾石为基底，台阶、水景、雕塑、植物被简单的体块统一在一起，白色雕塑是场地的焦点。设计克制了过度的欲望，不做张扬的造型和烦琐的细节，转而关注比例尺度，一切点到为止，只用芝麻灰、葡萄牙米黄、白色砾石三种石材塑造空间，尽量减少不必要的装饰。

干净的景墙将自然隔绝在外，场地如同嵌入自然之中，被绿植包裹，加之潺潺的流水声打破了场地的宁静。干净与繁茂，动与静，使内外空间形成了鲜明的对比。

小院尽量留白处理，像凝固的雕塑，也是光影的容器。"光"是这里的精灵，跳跃在序列感的背景墙中。有了它，庭院便有了生命力和厚重感。光影透过稀疏的枝叶洒在地上，印在墙上，随处都是它"挥毫泼墨"的地方。

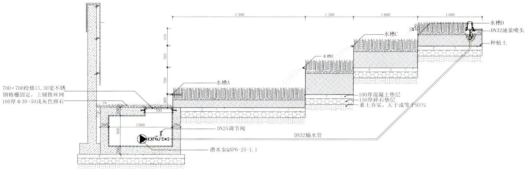

▲ 东院台阶水景施工图

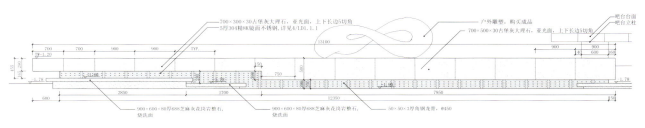

▲ 艺术水台立面图

雕塑和水台始终静止在这里，记录着周围的时光流转。水台结合台阶处理高差，水渠被刻意拉长嵌入吧台中，闲坐时可以感受到时间的流逝。尽端的构筑被外围植物环绕，是会客和休闲的小憩之所。让步子慢下来，让心灵静下来，用心感受生活，感受家的温暖，就是我们设计的初衷。

现代自然
09

香树湾庭院

项目地点：江苏常州
花园面积：495 m²
设计风格：现代自然
工程造价：180 万元
设计师：徐昊、祝进军、刘淼燕
设计 / 施工：悠境景观设计工程（常州）有限公司
获奖：第七届中国花园设计大奖赛"园集奖"优秀作品奖

自然风庭院

■ 项目概况

由于家里车辆较多，设计初期与业主沟通，业主对于庭院的改造布局，希望能够充分利用硬装区域，满足日常休闲赏景的需求。

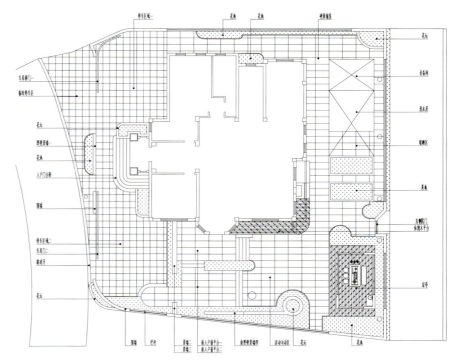

▲ 平面图

设计细节

考虑车位的刚性需求，庭院整体以硬质铺装为主，点缀精致小景来构成现代自然风格院落。

设计由点线出发，围绕直线与圆展开，"线是有型的柔美"。几何线条是包裹在冷静和沉稳之下的理性，也契合业主高雅利落的品位。

地面采用直线铺装，中间穿插圆弧线条，线条与圆弧自然转换，大胆而简化的线条感，呈现丰富而独特的设计性。

对地面、操作台以及部分柜体，都进行了圆弧角处理，使庭院更具整体性。墙面选用米黄色花岗岩，营造温馨的氛围。围墙栏杆采用横向百叶铝艺，廊架选用悬挑式，镂空玻璃便于采光，满足业主休闲观景的需求。

植物的搭配，选用金弹子、香樟、春花树、柠檬、红豆杉、橄榄树、造型黄杨、茶梅、枇杷树、蓝雪花、亮晶女贞、墨西哥鼠尾草等。"人能常清静，天地悉皆归"，植物交相呼应，简简单单，自在呼吸，使整个空间更具生命力。

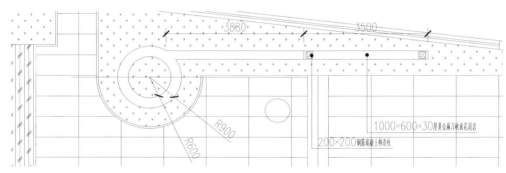

▲ 南照壁景墙平面图

现代自然
10

馨宜园

项目地点： 上海
花园面积： 600 m²
设计风格： 现代自然
设计师： 朱伟国、虞晨铭、李雨秋、李铭铭
设计 / 施工： 上海东町景观设计工程有限公司
获奖： 第七届中国花园设计大奖赛"园集奖"最佳设计奖

自然风庭院

■ 项目概况

　　花园形状不太规整，偏等边三角形，建筑刚好处在三角形的中间。从室内向外望去，花园的边线和建筑都是不平行的，有一种视觉上的不均衡感。

　　为了解决这个问题，我们把花园的边角弱化，通过景墙和植物边界的处理，把三角形花园处理成比较方正的形状。

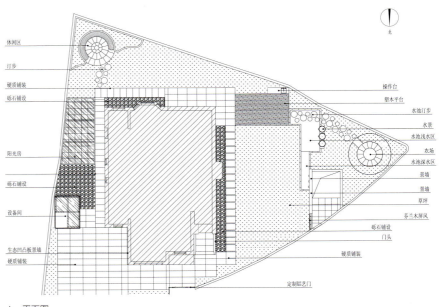

休闲区
汀步
硬质铺装
砾石铺设
阳光房
砾石铺设
设备间
生态凹凸板景墙
硬质铺装

操作台
塑木平台
水池汀步
水景
水池浅水区
农场
水池深水区
景墙
景墙
草坪
芬兰木屏风
砾石铺设
门头
硬质铺装
定制铝艺门

北

▲ 平面图

■ 水景

　　水景采用星空灯打造水幕墙，延长至带涌泉的水池，不论在户外还是室内，都具有一定的观赏价值。池中汀步的设计，构成特别的 L 形水系，大大增加了水池的观赏面。水幕墙的后方其实有一个变电箱，平时会产生一些噪声，通过流水声来进行弱化，不至于影响花园活动时的氛围。

　　由于业主家的小朋友还小，所以在水景下面铺设了不锈钢网板，既保证安全，也不会影响水系的整体效果，将来网板还可以拆除。

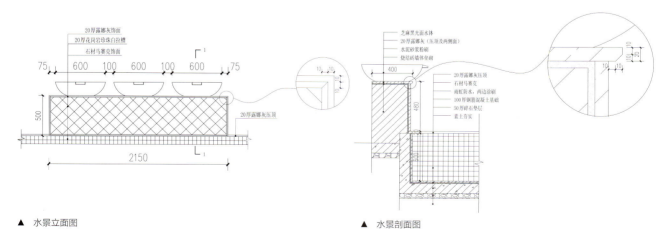

▲ 水景立面图　　　　　　　　　　　　　　▲ 水景剖面图

■ 篝火休闲区

将壁炉搬到室外，享受诗意的夜晚，冬天里烤一把火，小酌一杯，特别惬意。休闲卡座与篝火壁炉的搭配，也是休闲区的全新尝试。为了使环境更加优美，我们在周围搭配了一些植物，会在不同季节开出不同颜色的花朵，同时增加了空间的私密性，使人更具安全感。

■ 天井花园

天井，又称天空之井，是建筑围合起来形成的露天空间。杂木的生命力和自然气息让天井自成一方天地，使人足不出户也能品味到天、人与大自然之间的禅意。天井花园的设计难点在于周围功能区域太多，为解决这些问题，在功能性空间的立面，都采用了木质隔断作为背景的隔离方式，以此进行弱化。

■ 植物花境

因功能区域较为分散，故植物搭配也是围绕建筑，不分离花园。以花境连接不同空间，围绕建筑的部分采用白色砾石搭配多肉、杂木类等易打理且好养活的植物，休闲区域则搭配灌木、中小型乔木等。将院中已有的桂花树进行移植，金秋九月，桂花飘香，也为花园增添了香气与灵动。

云水涧·流光致

项目地点：贵州贵阳
花园面积：1 350 m²
设计风格：现代自然
工程造价：230 万元
设计师：周应祥
设计/施工：贵州甲天下景观工程有限公司
获奖：第七届中国花园设计大奖赛"园集奖"优秀作品奖

项目概况

项目为私人住宅，分为上下两个花园，共计1 350 m²。业主希望住宅和景观能相互融合，拥有一个亲近自然的生活空间，缓解快节奏城市生活带来的精神内耗。

▲ 前花园平面图

1	花园人行入户
2	花园车行通道
3	车库廊架/3车位
4	镜面跌水/入户对景墙
5	建筑入户通道
6	花园入门门厅
7	造景花池
8	户外餐厅/取水点
9	外来人员检修通道
10	花园连接通道

设计细节

花园整体风格为简约风，同时利用自然植物进行填补。设计通过材料、色彩、植物等元素的把控来组织空间，用黑、白、灰色系塑造体块关系，同时借助肌理与质感的变化补充细节，使空间合零为整，营造集绿色生态、现代简约、舒适惬意于一体的视觉效果与感知体验。

基于花园与道路的关系，上花园外向展示面被横向拉长，通过建筑与场地的分析，设计师将人车分流，重点打造门头，与围墙形成优雅大气的超长界面，配合枝繁叶茂的造型大树塑造门户的形象感，营造专属的归家之境，同时将功能空间依据场地有序排布，最大化利用车库场地，以达到车行与人行流线的最优化。

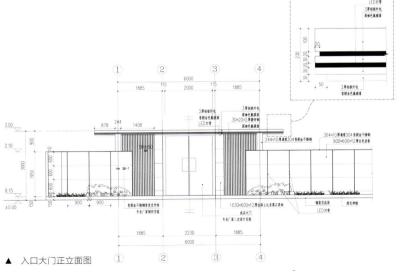

▲ 入口大门正立面图

尊贵礼遇始于门庭，开门见水，以潺潺流水打破静谧之感。水景之上，两棵松树姿态各异，相互映衬，是花园当中的点睛之笔，当雨水润湿地面之时，与水面一起倒映树形，形成完整而又丰富的自然感受。寻水声逐级而下，白色阶梯悬浮于水面之上，水下星光闪耀，浮光掠影，带来诗意般的游园体验。花园巧妙运用"以小见大，一步一景"的设计手法，穿行在场地与景观之间，水景、鱼池、户外客厅、草坪、活动场地，空间体验更加丰富。

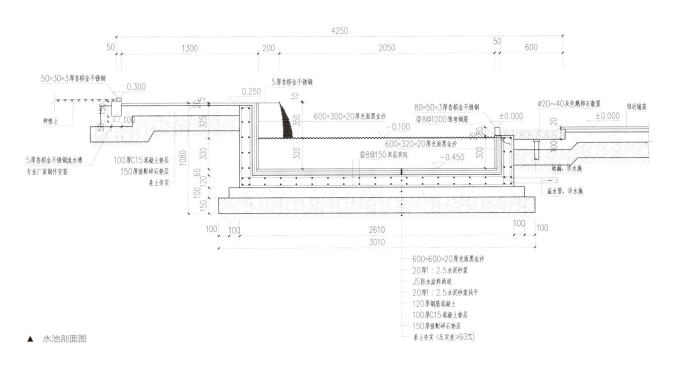

50×30×3厚香槟金不锈钢

种植土

5厚香槟金不锈钢流水槽
专业厂家制作安装

5厚香槟金不锈钢

0.300

0.250

600×300×20厚光面黑金沙

100厚C15混凝土垫层
150厚级配碎石垫层
素土夯实

600×320×20厚光面黑金沙

80×50×3厚香槟金不锈钢
Φ8@1000预埋钢筋

−0.100

Φ8@150双层双向

−0.450

±0.000

Φ20~40灰色鹅卵石散置

±0.000

邻近铺装

地漏，详水施

溢水管，详水施

600×600×20厚光面黑金沙
20厚1：2.5水泥砂浆
JS防水涂料两道
20厚1：2.5水泥砂浆找平
120厚钢筋混凝土
100厚C15混凝土垫层
150厚级配碎石垫层
素土夯实（压实度≥93%）

▲ 水池剖面图

下沉庭院的巧妙布局将通行、休憩、洽谈等多功能需求融合在一个大空间内，黑白石材的搭配简洁却不乏细节。户外客厅作为花园的美学空间，建筑干净利落，空间开阔，为休闲、聚会、品茶、会客等日常活动提供了多样化的空间场景。

从厅内向外望，是一整面的跌水景墙，跌瀑从上方沿自然石面跌在石阶之上，复又形成水幕落入锦鲤池，水面倒映松影，潺潺水流声中恍然置身山中。

回到生活之中，吧台与操作台将家里的烟火气息融入庭院，紫薇树下的空间是午后品茗的佳处。绿篱背后的菜地，也是悠然生活的另一种表现方式。

1 造型楼梯
2 镜面水景
3 出户平台
4 雕塑跌水
5 卡座休闲区
6 特色种植池
7 灯带景墙
8 阳光草坪
9 茶室书吧/观鲤
10 锦鲤池
11 跌水景观
12 烧烤区/取水点
13 绿篱背景墙
14 菜地果林
15 开门/进出

▲ 下花园平面图

现代自然
12

长泰湖境

项目地点： 上海
花园面积： 800 m²
设计风格： 现代自然
设计师： 朱伟国、晓玥、陈彬、陈周丽
设计 / 施工： 上海东町景观设计工程有限公司
获奖： 第八届中国花园设计大奖赛"园集奖"优秀设计奖

■ 项目概况

　　该项目是别人已完成一半的设计，业主不满意当时的设计，遂找到我们，希望在现有条件的基础上，根据家庭实际需要，重新进行改良和优化。

■ 庭院入口

　　该项目中，需要解决的主要问题是入口设计。花园较大，但入口较小，需要停放多部车辆。设计师选用折叠门作为入口，因为它具备较小的半径，占用空间较小。为改善折叠门不够美观的问题，周边设置了一些装饰小景进行美化。

　　考虑到人员通行，我们设计了平缓的人行通道，且注重了美观性。通过门的形式和装饰柱的材料运用，用装饰品、植物和灯光等元素营造氛围。采用壁灯和射灯等光源，突出植物的轮廓和美感。

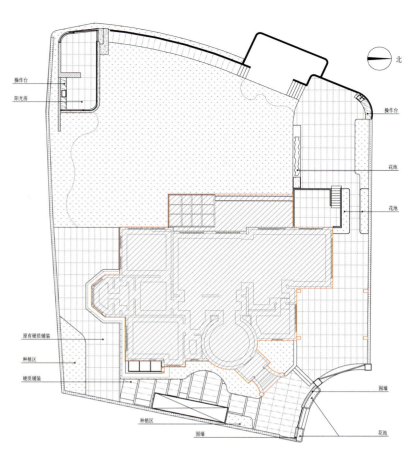

北

操作台
阳光房
操作台
花池
花池
原有硬质铺装
种植区
硬质铺装
围墙
种植区
围墙
花池

▲　平面图

■ 侧院

　　侧院适合放置空调、新风系统等设备，为有特殊需求的家庭成员提供存放交通工具的空间，如每个孩子都有自己的自行车，空间宽度要能够容纳这些车辆。同时，侧院通道的美观也很重要，可以在两侧添加植物进行点缀。

　　为解决视线问题，增强私密性，可适度种植大型乔木加以遮挡。在已完成一半的设计项目中，为使空间调性统一，应避免过多使用不同形式的元素。采用拱形设计，如阳光房、清水平台的拐角和操作台上的架子等，让同一元素在空间中相互衔接，可使局促的空间稍显宽敞。

　　花园边界以绿篱为主，将植物与围栏结合，提升花园氛围，增加空间的宽度与深度，丰富层次感。

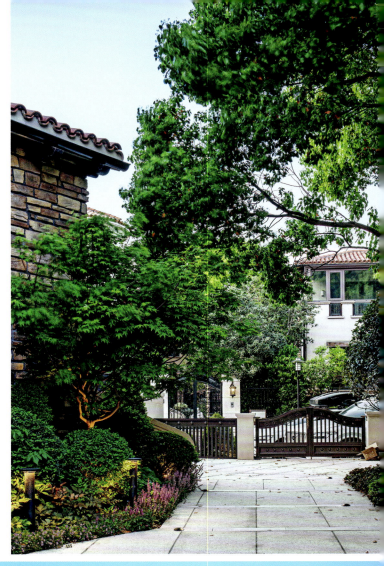

下沉空间

为丰富亲水体验，我们将平台下沉，以增强与水的互动感，选用大片简洁的玻璃代替栏杆，安全且确保视野通透。在花园升高之处，种植了部分水生植物，加强整个花园的美感。

停车空间

对于停车空间和花园之间的分割问题，在硬化面积已完成的情况之下，选用占地面积较小且施工方便的金属小花池来进行划分，这样形成的过道简洁而无遮挡，便于引导人们进入下一个开阔天地。

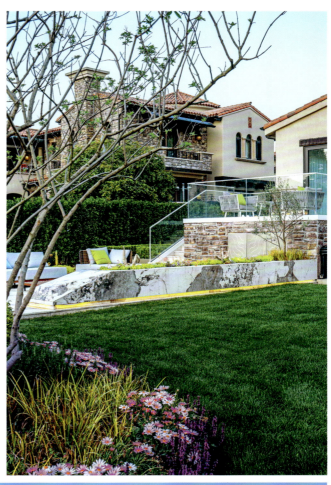

■ 操作台

　　为保证操作台使用的耐久性，选择水磨石和铝合金作为材料，并通过植物来弱化角落外部的不美观问题。

　　由于硬化面积较大，单独添加家具会显得单调，因此配置了多肉植物作为装饰，用来区分草坪空间，一来在就餐时可感受到空间的和谐氛围，二来可透过多肉植物看到后面的草坪空间，视野开阔且有层次感。

▌阳光房

为满足家庭多样化的需求，将阳光房分成了两个区域，并通过壁炉划分功能。壁炉有两面，一面是餐食操作台，另一面是会客区，为就餐和会客提供不同氛围。

阳光房不仅用于品茶、聚会，更为家庭创造场景，可全方位地欣赏花园美景。阳光房远离住宅设计，是为了解决体量和观赏视角问题。细节的处理尤为用心，如圆角的设计和大片玻璃的使用等。

现代自然

13

银亿领墅

项目地点：上海

花园面积：115 m²

设计风格：现代自然

设计师：朱伟国、顾煜婷、朱佳薇

设计 / 施工：上海东町景观设计工程有限公司

获奖：第八届中国花园设计大奖赛"园集奖"优秀设计奖

■ 项目概况

在整个设计过程中，我们与业主进行了多次沟通。考虑到后期维护成本，业主希望改造后的院子易于打理，美观且实用。

经过两个多月的努力，结合业主的特殊要求和实际情况，我们最终确定了一个满意的设计方案，旨在扩大人们对空间的感受，创造美观舒适的私享空间。

■ 南院

为增加入户花园的观赏价值，拆除了原有的绿篱，用现代感十足的铝合金围栏替代。尽管这个花园靠近北院，使用率较低，但它的设计依然重要。注重每寸空间的利用，努力实现最佳效果，通过精心安排和种植植物，使空间变得多样化，让植物成为背景。

针对南院的特点，选择植物时，兼顾了客户需求和光照条件，利用色彩和对比来营造空间。为了增加宽敞感，考虑适度增加硬质铺装，但要注意热岛效应等问题，同时选择具有净化功能的植物（如熊猫堇）改善空气质量。种植池使用耐候钢，并通过立面设计巧妙地营造空间感。

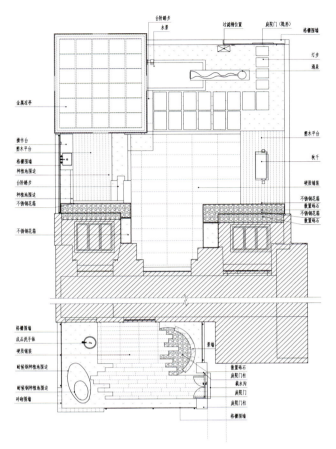

▲　平面图

■ 北院

　　为便于打理，设计时采用了适当的硬化铺装和绿化布置，选择合适的材料，结合汀步和熊猫堇等植物，解决了草皮维护和成本较高的问题，采用嵌草皮和错层的处理方法，创造一个实用美观且易于维护的院子。

　　设计师在院中发现了两个对称的采光井，决定在花箱中种植沙生植物进行美化，同时确保采光和排水不受影响。

　　庭院门的设计在满足室内和室外基本交通之余，还兼顾了隐私，方便业主出入。院门采用稳固且隐形的边框材料，解决了园丁维护时可能遇到的操作不便问题。

　　多功能钢架秋千不仅可以作为娱乐和休闲设施，还可以用来晾晒被子。

　　为加强舒适性，设计师在院中还设置了一个能提供遮阳功能的亭子，通过搭配花草和小型水池等元素，创造美丽的私密空间，让居住者愉快地与自然进行互动，满足业主对美好生活的期待。

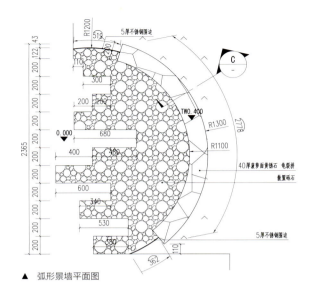

▲ 弧形景墙平面图

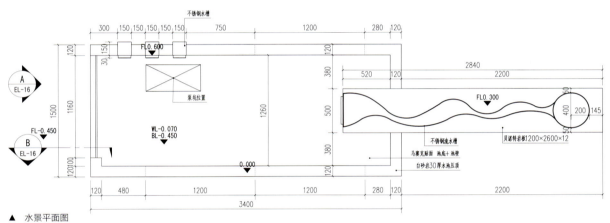

▲ 水景平面图

PART ✿ 2

中式自然

和谐自然观下的中式庭院

在中国传统文人的哲学世界里，没有比建造庭院更重要的事情。所谓造园，就是建造一个感知天地万象的小世界，通过这个小世界模拟道法自然的规律，进而与大世界形成和谐的共生状态，这也是中式庭院文化的核心要义。

随着人们物质水平的提高和对精神层面的不断追求，中式庭院逐渐回归国人视野，以历史传承下来的经典案例为借鉴，形制也愈加丰富和多元。其展现的不仅仅是当代国人对山水田园的理想与向往，更是体现出他们对中国文化的深度自信，以及传统"天人合一"和谐世界观的潜意识表达。相比规则式的西式庭院，中式庭院给人们带来别样的视觉感受，青砖粉墙、叠山理水等一系列元素，完整地诠释了传统造园设计理念，追求自然精神境界，从而达到人与自然和谐统一的审美需求。在这里，人们可以找到心灵的归宿，感受那份属于中华民族的独特情怀。

当代中式自然庭院，具有中国古典园林形成与发展的时代特征，采用传统造园手法与现代技术及材料，因地制宜地表达中式意境，是传统文化与现代风格的融合升华。

庭院的构景元素分为物质元素和文化元素两种，物质元素包含人、建筑、构筑物、水体、植物、道路、小品等实体要素；文化元素则包含环境的历史、文脉、特色等。庭院中自然因素的合理利用，不仅能改善景观质量，还能让居住者更易与自然相融，从而改善和调节身心健康，更好地拥抱生活。

历史上有很多著名的庭院，皆是沉淀着厚重中国文化的"深井"。早在先秦时期，我国就有了庭院文化的记载，那时的人们称房屋四周的边界为"户庭"。《周易·节卦》上有记载"不出户庭，无咎"，意思是，人在户庭内是最安全的。陶渊明也在其诗词中写道"户庭无尘杂，虚室有余闲""采菊东篱下，悠然见南山""长吟掩柴门，聊为陇亩民"，这些都是对自家庭院的描述。

白居易诗中的"笙歌归院落，灯火下楼台"，也是把院墙围绕的住处，视为一家一户的久居之所。

尽管受西方文化的影响，前些年，欧美庭院风格曾一度受到偏爱，但随着我国经济实力的增强和传统文化的回归，市面上先后涌现出一大批优秀的中式自然庭院项目。究其原因，这是国人对中国传统文化的强烈认同，是中国文化的传承与沿袭，进而影响着人们的选择。

基于传统园林文化特色与现代设计理念的庭院是未来庭院设计领域发展的新方向。因此，需要人们以独特的眼光去认识和解读，满足当今时代人们内心对大自然的期望，从而实现人们在都市的一角也可以感受到"春、夏、秋、冬"的四季更迭。

一次小小的俯瞰，看到的不仅是一座座庭院，而是一个世界，在追求一种朴素的、简单的、纯真的、不断在追问自己来源和根源的生活和艺术，这才是几千年来中国人看待这个世界的视角——走进山水田园之境，感知天地万象世界！

上一山过一山，山山相连。

登一岭过一岭，岭岭不断。

风一程雨一程，风雨兼程。

你一人我一人，人人为众。

前一家后一家，家家为园。

东一西南一北，十方世界。

中式自然
01

山水豪庭

项目地点：湖南岳阳

花园面积：1 422 m²

设计风格：中式自然

工程造价：187 万元

设计师：徐学文、潘平

设计 / 施工：长沙虫二景观设计有限公司

获奖：第八届中国花园设计大奖赛"园集奖"优秀作品提名奖

■ 项目概况

本案位于湖南省岳阳市，项目总面积 1 422 m²。现有建筑主体坐北朝南，位于小区的东侧边户，整体采光和通风条件良好，外侧无高大建筑及乔木遮挡。现有的优越环境也给予了设计师足够思考的空间。

■ 设计构思

此次设计拟将传统文化内涵与当代生活审美相融合，为居者打造一处"隐居城市间，毗邻山野处"的惬意庭院，希望不仅能满足业主的功能需求，也能够反映内在的文化内涵，并以现代材质为载体，体现中国传统纹样的艺术魅力，展现中式新派山水园居。

1. 院门入户
2. 造型景墙
3. 户外车库
4. 阳光草坪
5. 景观微地形
6. 景墙叠水
7. 主景树
8. 户外茶室
9. 石材铺装
10. 砾石造景
11. 造型树
12. 色叶乔木
13. 趣味汀步
14. 月洞门
15. 精选乔木
16. 景观置石
17. 锦鲤池
18. 叠级流水
19. 精选造景树
20. 立面围墙
21. 明堂铺装

▲ 平面图

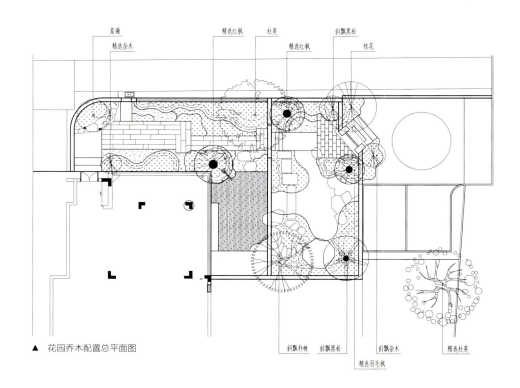

▲ 花园乔木配置总平面图

平面布局与立面构成

融合传统文化，营造自然价值。入口处设置了端庄大气的入户大门，体现仪式感和尊贵感；后院的休憩平台，增添游园乐趣，享受品茶时光，修身养性；前庭的大气形象，引导视线探索园内景致。不同的景观层次，将园居生活、功能美学和诗意栖居融合到一起。

同时，我们将传统纹样元素进行提取置换，并运用到整个庭院空间，地板、景墙、树木、池水，无一不有，希望通过播散这种美好的愿望和期许，使吉祥和谐、富贵圆满的气息萦绕在花园之中。

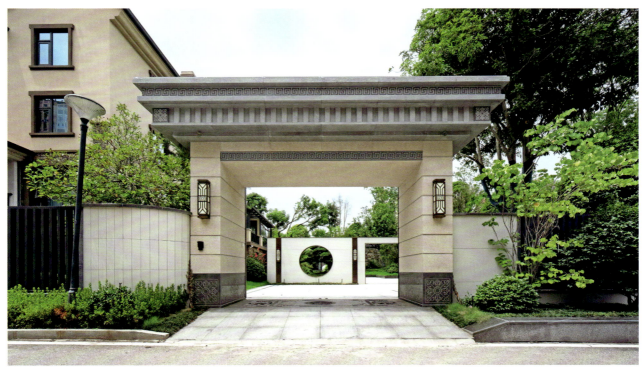

总体方位

东侧花园场地开阔，视野良好，种植了紫薇。紫气东来，也是一种美好的寓意。

西侧水到渠成。花园西南角置假山流水，跌级流下，可临水观鱼。俗语有曰，"山管人丁水管财"，寓意财源广进，家庭美满。

南侧迎宾入户。南侧花园为主门入户区，打造大气沉稳的空间场景，尊享私家庭院。

北侧林荫漫步。北边花园，外部空间植物茂密，园内植物夹道而生，斑驳的光影透过树枝交织出丰富的层次，在虚实回转之间，充分品味景观之美。

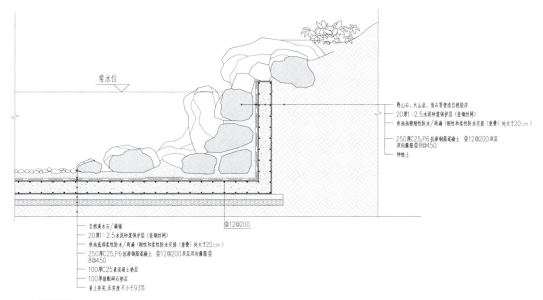

常水位

野山石、火山岩、角石等营造自然驳岸
20厚1:2.5水泥砂浆保护层(挂钢丝网)
鱼池池壁刚性防水/两遍(刚性和柔性防水交接(重叠)处大于20cm)
250厚C25,P6抗渗钢筋混凝土 Φ12@200双层
双向箍筋Φ8@450
种植土

Φ12@200

自然溪水石/满铺
20厚1:2.5水泥砂浆保护层(挂钢丝网)
鱼池底部柔性防水/两遍(刚性和柔性防水交接(重叠)处大于20cm)
250厚C25,P6抗渗钢筋混凝土 Φ12@200双层双向箍筋Φ8@450
100厚C25素混凝土垫层
100厚级配碎石垫层
素土夯实,压实度不小于93%

▲ 水池做法图

中式自然
02

春溪庭

项目地点：浙江台州
花园面积：247 ㎡
设计风格：中式自然
工程造价：95 万元
设计师：张明智、黄菁
设计/施工：杭州原物景观设计有限公司

■ 项目概况

初次接触这个项目时，了解到业主曾经拥有过优渥的家庭条件，居住在一座大房子里，宅子具有三进院落的中式布局。由于历史原因，这些美好的回忆只能在记忆中留存。通过业主的努力与拼搏，他购买了这栋宅院，渴望在景观设计中重现父辈时期的院落画面。

希望通过设计，打造出一个既具有传统中式庭院韵味，又融入现代元素的宜居空间。

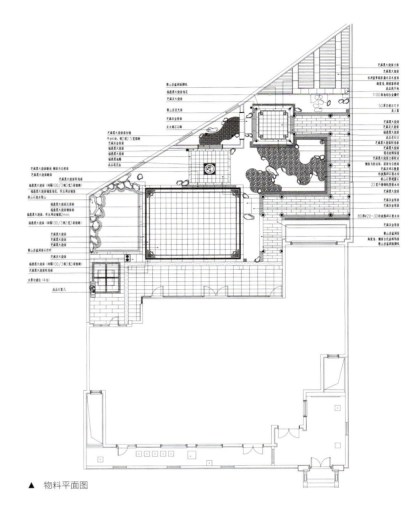

▲ 物料平面图

■ 一进院

现场勘查中，发现整个庭院形似一个尖刀状，东西方向长，南北方向短。针对这些特点，我们结合业主愿望和功能要求进行了分析，提出在围墙内结合南北院模拟出三进院落的理念，在大门入户建成一进院，通过壁画和荷花形成传统中式的入户景观。进入客厅，窗外呈现出有山有水的画卷，为居住者提供宜居环境。

■ 二进院

建筑连廊与新设计的靠山廊相连接，雨天也能在园中漫步。亭子设置在西边三角形的地方，通过围墙、月洞门、如意门的巧妙设计，整个庭院变得方正起来，形成自然的二进院。前院和后花园自然相连，相互映衬，空间变得丰富，景与景的搭配也相得益彰。

■ 三进院

庭院设计中，通过叠山理水，还原了业主儿时记忆中的"东边山"，实现了不同空间的转换。在廊与亭子之间，我们将业主儿时家旁的小溪融入景观，使得廊亭之间如有沟壑，创造出深沉的意境，仿佛时间在此沉淀，同时倚栏观景也别有一番意境。

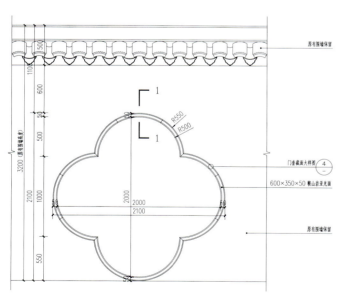

▲ 梅花洞门立面详图

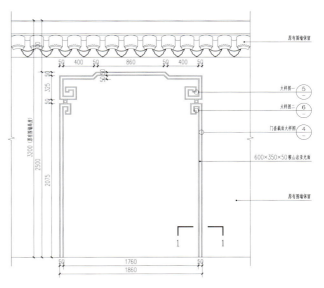

▲ 官帽洞门立面详图

中式自然
03

耕乐园

项目地点：浙江湖州
花园面积：370 m²
设计风格：中式自然
工程造价：85 万元
设计师：张明智、黄菁
设计 / 施工：杭州原物景观设计有限公司

■ 项目概况

通过现场勘查，我们发现东边庭院非常宽敞，南边空间有限，西侧连廊入户以及北侧设备区都成了设计的考量因素。初步交付的景观存在单一性，无法满足庭院的多样需求，同时东侧庭院呈现出不规则的多边形状，为设计带来了一系列挑战。

■ 设计构思

通过对现场的全面分析，我们以融合传统中式元素和客户需求为出发点，将庭院巧妙地划分为入户赏景区、自然山水休闲区和耕种生活体验区。每个区域都特别强调独特的景观节点，旨在打造一个和谐宜人的居住环境，让庭院成为居住体验的亮点。

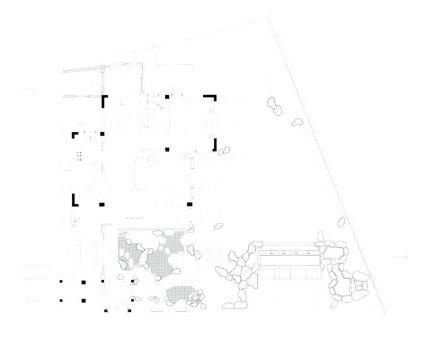

▲ 索引平面图

■ 入户赏景区

在入户区的设计中，通过改变交通流线和增加花窗门洞的手法，将入户动线引入景观之中，营造出一种"人在画中游"的视觉感受。客厅前深远幽静的自然式园林与周围景观相融合，为居住者提供丰富的视觉体验。通过巧妙的布局，外加折桥、汀步和现代水钵、雨链的搭配，创造出一个独特的禅意环境，而杂木景观和石灯笼的点缀，更为庭院增添了有序而富有生机的氛围。

■ 耕种生活体验区

在东面区域，设计师巧妙地运用绿色植物进行分割，根据实际需求为客户父亲设计了一个盆景区。景区边上种植橙子，树下设置了一块 3 ~ 4 m² 的大石头，为居住者提供一个惬意的空间，可供喝茶、阅读、冥想以及抚琴。

■ 自然山水休闲区

对于休闲区的设计，我们特别注重实用性和美感兼具。充分利用北边山景，采用下沉式设计，使水面与草坪齐平，从而倒映出北面的山景。东南角设置有假山流水，加强东侧三角关系的围墙结构，还在下层设计了休闲平台，为业主提供一个宜人的观景休憩之处，使庭院空间更显灵动。

连廊方面，部分连廊凸出来既不美观，也不实用。结合室内改造设计，设计师提出改变进门方式，同时把原来多出来的连廊进行改造，东边没有连廊的地方加建连廊，这样可使院中最大的构筑物直接映入眼帘。

东面的大草坪不仅为孩子提供了练习足球的场地，也与远处的山景形成了一种自然联结。庭院北侧作为建筑的背面，结合现场需要设置了储物室、洗衣房和菜园花圃，为庭院功能延伸提供了更多可能性。

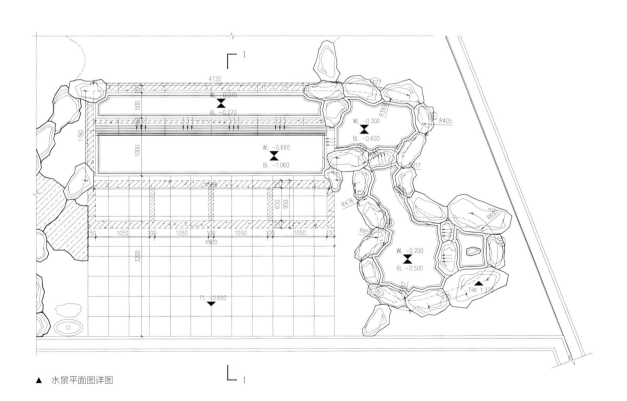

▲ 水景平面图详图

中式自然
04

湖畔春秋

项目地点：江苏常州

花园面积：350 m²

设计风格：中式自然

工程造价：50 万元

设计师：王宇光、刘淼燕

设计 / 施工：悠境景观设计工程（常州）有限公司

摄影：徐昊

■ 项目概况

本案位于江苏省常州市，在前期沟通时，业主希望庭院可以贴近自然，沟通自然，感受自然的能量。

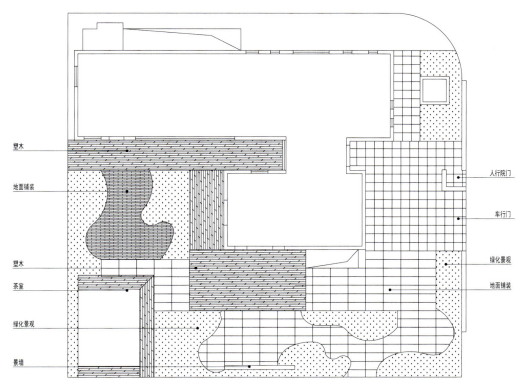

▲ 平面图

■ 设计构思

基于自然，庭院结合户外茶室和现代风格空间，营造出舒适宜人的环境。推开院门，与四季万物为邻，享受自然万物带来的惊喜。

从东入口进入庭院，东南角以紫薇、杜鹃为背景，亲近自然，与草木对话，植物也为庭院空间增添了鲜艳的色彩。

植物品种选用了黄杨、映山红、石榴、红枫、罗汉松等，既古朴优雅，又不失现代庭院的生机与活力。

硬装与植物的搭配，营造出一个舒适宜人、具有东方传统美学和现代风格的休闲空间，置身其中，园主可以享受自然与人文的融合。

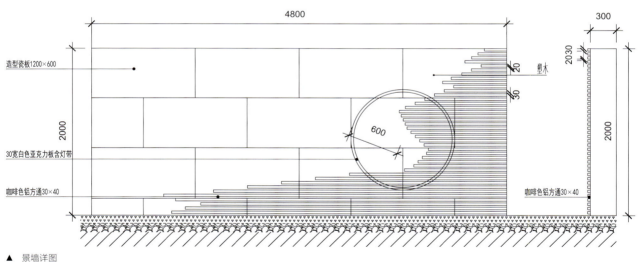

造型瓷板1200×600

2000

30宽白色亚克力板含灯带

咖啡色铝方通30×40

4800

600

20

塑木

30

2030

2000

300

咖啡色铝方通30×40

▲ 景墙详图

■ 茶室

　　院子西南角设置了一间户外茶室，可供园主品茗、休憩与交流，也可偶尔在此发呆，亲近自然，与自然对话。古语有云："人有静气，便无俗情"，扎根于生活，日常修身静气，伸展诗意，是另一种高级的浪漫，也是一种生活智慧。

　　茶室采用钢结构凉亭形式，用铝制材料装饰，简洁现代，与整个庭院风格相呼应，周围设有游走小径，方便人们在庭院中漫步。

景明园

项目地点：浙江杭州
花园面积：100 m²
设计风格：中式自然
工程造价：55 万元
设计师：张明智、黄菁
设计 / 施工：杭州原物景观设计有限公司

项目概况

此项目曾经历一次景观营造，给人的初始印象是实用但缺乏活力。布局空间缺乏整体性，没有对空间及动线进行合理梳理。设计师介入之后，结合业主需求提出了几个具体的改造措施，客户也欣然接受了我们的建议。

门厅和入口路线

结合客户需求，将储物室抬高做观景台。我们拆除并重建了围墙，将面向入户的院墙向内移了近1m，使原1.8m的入户空间增至2.6m。新建围墙上增设了"松鹤延年"漏窗，内外空间可相互借景。

在北面种植高山杜鹃，花开时分，其宛如一位犹抱琵琶半遮面的少女。徒步进入门厅，映入眼帘的是位于老人房前的日本红枫和置石水钵形成的自然小景，这里不再是一个简单的过渡空间，而是一场令人愉悦的视觉体验。

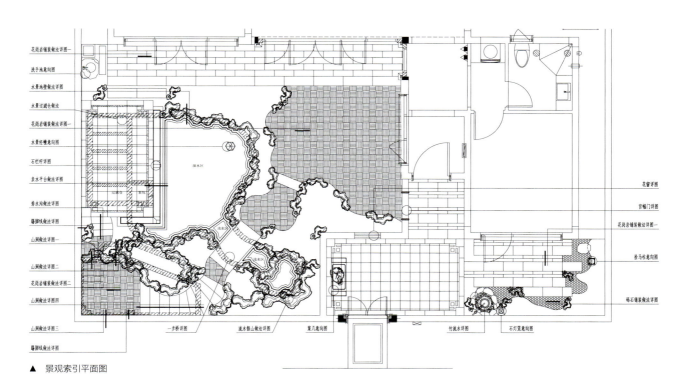

▲ 景观索引平面图

增设路径

所谓"远亲不如近邻"，当今社会，邻里关系至关重要。因此，我们在路线上增设了一条直接通向院子的路径，通过官帽月洞门，将远处的山景与园中山水融入门中。这种设计，不仅使邻里之间的交往更为便利，同时也更具私密性。

中庭设计了锦鲤池，西南角置有假山，它们通过平台和桥连接观景台，形成一条贯穿庭院界面的观景动线。登高望远，可以俯瞰整个庭院，欣赏鱼池和远处山岚，近观小区全貌。

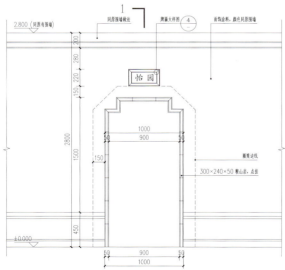

▲ 八角洞门立面图

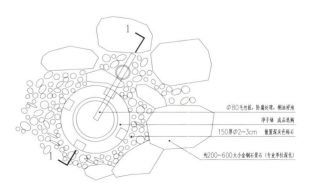

▲ 竹流水平面图

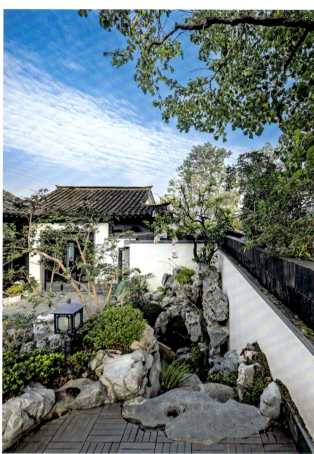

■ 设计构思

　　该庭院的设计灵感来源于中式造园，力求使空间得到最大程度的合理利用，避免浪费寸土寸金的空间。巧妙的功能布局和景观设计，让建筑与庭院相辅相成，形成了"人中有景、景中有人"的和谐画面。

　　总的来说，该庭院的改造不仅在实用性上有所提升，更在美感和社交功能上取得了显著进步。从改善入口过渡到提升社交体验，再到打造观景节点，每一步都经过精心设计，让庭院焕发出新的活力，这正是设计的价值所在。

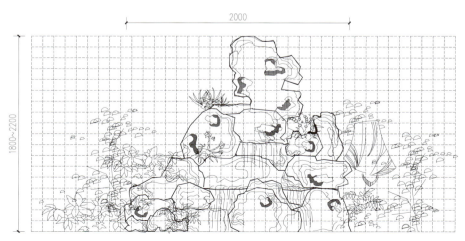

▲ 太湖石流水假山立面效果示意图

PART ❖ 3

禅意自然

"禅学"其实就隐藏在寻常生活中，人人都可以在生活中静心领悟。

——［日］铃木大拙

朴素自然观下的禅意庭院

禅庭设计，深受禅宗美学影响，通过简约、质朴的设计理念，营造出一种超然物外、回归自然的氛围，让人在庭院中寻得内心的宁静与和谐。

一、从"净化心灵"之目的看禅庭

日本造园大师梦窗疏石在西芳寺中留有汉藉诗，传达了自己的造园目的："仁人自是爱山静，智者天然乐水清。莫怪愚蠢玩山水，只图藉此砺精明。"大意是说，仁者爱山，智者乐水，不要怪我喜爱山水痴迷于造园，我只是想通过建造园林来磨砺我的心智。此外，梦窗疏石在《梦中问答》中还写道："得失不在山水，而在人心。"他建造了众多名园，如日本京都西部的西芳寺和天龙寺，以及岐阜县多治见市的永保寺、神奈川县镰仓市的瑞泉寺和山梨县甲州市的惠林寺等。

日本当代造园禅僧枡野俊明认为，"作庭即修行，步步是道场"。"作为禅僧的我一直是遵循建立在禅的精神基础上进行长年创作的，'作庭'对我来说，是把'自己'放在不同空间进行表现的一种精神性很高的设计过程。它不仅仅是追求造型美，而且，被称为'石立僧'的禅僧们是把庭园作为'自己的表现'的场所，并把作庭

过程视为每日修行的一部分。我自己也是一样，把作品的创造过程视为修行，到现在为止，一点一点地积累起来。'庭'在我心中占据了非常重要的地位"。一言简化之，建设禅庭，旨在通过景观营造进行心灵的修行。

二、从方丈"坐禅"的视角观看水墨画一样"定园景"

禅庭的取景，源自方丈静坐角度的观赏。这种较低视角的平视取景，有些类似观看室内挂画的视角。换位思考，可以把庭景当成"山水挂画"来"构图"，比如你坐在窗前或者廊下，园景就像在眼前（平视角）徐徐展开的一幅卷轴画。你要为这幅山水画"构图"，布置近景、中景、远景；有疏密、有留白；有远处的借景，有焦点景致；有"浓墨"处，有"淡彩"处，展现四季不同的艳丽芬芳。

实际操作中，庭院里往往会融入一些巧妙的设计，但具体情况需要根据自己掌握的素材进行搭配。比如，通过植物配置，打造出近景、中景和远景，避免视线聚焦在某一点上，表现横向的广度和纵向的深度。另外，通过重叠的造景手法，使景物若隐若现，使人对被隐藏的景物抱有期待感。近景、中景和远景的布局可以丰富层次的变化，在不经意间引人入胜。

《图解日本园林》的著者堀内正树说："正如作为媒介禅观环境空间的水墨画在极其有限的纸张上描绘出宏伟的景观一样，枯山水也在极其有限的空间内利用石头和砂砾、苔藓和刈込（修剪植物／型木），以抽象手法表现大自然，追求一种更接近理想的世界。这种园林设计只有专心思维、感性丰富的禅僧才能做到吧。"这种通过石头、植物配置来展现园林景色的工作，与设计者的感性认知和对自然的理解密不可分。

日式园林在没有条件做池泉的前提下，需要用枯山水来代替"水"的部分，用石组代替"远山"或"海岛"，用精心设计的砂纹来表现水的灵动。砂纹的描绘是其中的一项重要工作，也是庭园美观度的见证。

石灯笼作为禅庭的重要元素，往往也是焦点所在。石灯笼起源于中国，后随佛教一起传入日本，作为佛前的供灯被放置在神社和寺院内。石灯笼从桃山时代起被用于园林之中，据说千利休是第一人。千利休被灯中清晨的余烬所感动，将这种景致作为晚间茶事的灯火带入园林之中，后逐渐发展成为禅庭标志性的造景元素。同样具有代表性的元素还有竹篱、逐鹿等小品，一如一幅山水画中的屋舍、篱笆和水井，是画卷中寺院或田园人家的隐喻。

三、现代禅庭承古创新

现代禅庭在时代中承古创新，也在不变中与时俱进。结合现代住宅的样式，新的借景（背景）以及建筑物开窗的形式，新的户外取暖壁炉（或壁灯），新的理水技术，新的户外软装产品，使禅庭的形象展现更为多元，但其朴素、侘寂的精神内核依然不变。

禅意自然
01

山湖城

项目地点：江苏常州
花园面积：386 m²
设计风格：禅意自然
工程造价：128 万元
设计师：叶文漾、刘淼燕
设计 / 施工：悠境景观设计工程（常州）有限公司
摄影：徐昊
获奖：第八届中国花园设计大奖赛"园集奖"优秀作品奖

■ 项目概况

改造前，花园内只有一条笔直的道路和一些植物，没有明显的区域划分，给人的印象是大而不实，布局缺乏整体性，没有对空间及动线进行梳理。

客户想要保留原有的风水石，为节省成本，希望地砖切割后能再次利用，现场的设备间也尽量保留，满足家庭成员客观需求的同时，在闲暇之余也可与清风明月相伴。

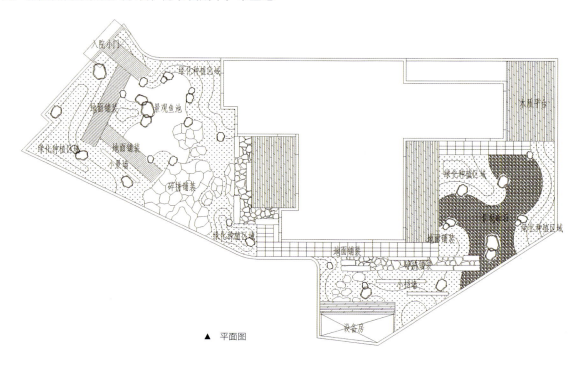

▲ 平面图

■ 前院

打开院门步入前院，道路环绕鱼池而展开，水系和景石相依，肌理感明显。冷峻的中国黑景石与流动的水系相呼应，营造了虚实相生的园林环境。水系旁配植的主树为石榴，"美木艳树，谁望谁待"。石榴作为一种美树，可谓丹葩结秀，娇艳欲滴，绿树红果，相映生辉。

业主希望在前院保留一颗"风水石"，设计师便考虑在对面堆砌假山，两两相应，如山水画一般。"咫尺之内，而瞻万里之遥；方寸之中，乃辨千寻之峻"，给人以身临其境之妙。

前院入户区域还设置了木平台，增添休闲的空间，使得院内与室内的互动关系更为密切，慢下来生活，"静念园林好，人间良可辞"。

侧院

侧院中设置了桑拿房，通过两堵景墙和设备间共同修饰院中的不规则夹角，使得整个花园更显方正和舒适。

后院

前院是灵动的代表，后院则是静谧的象征。这里设有枯山水景观，种植了鸡爪槭、紫薇、红梅、海棠、红枫、穗花牡荆、杜鹃、完美冬青、川滇蜡树、映山红等植物，彰显自然之美。

枯山水的石块象征山峦，耙制的砂粒象征湖海，线条代表波纹，恰如一幅巧妙留白的山水画卷，可谓"无水而寓水，无山无水无波"。将日式禅意的枯山水景观融入庭园设计之中，彰显主人崇尚禅意的品位。

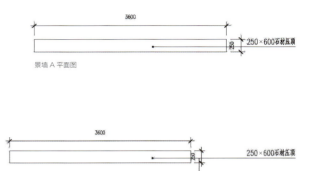

景墙 A 平面图

景墙 B 平面图

250×600石材压顶

250×600石材压顶

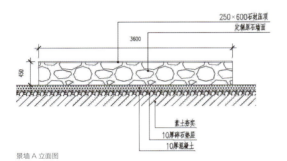

250×600石材压顶
定制原石墙面

景墙 A 立面图

素土夯实
10厚碎石垫层
10厚混凝土

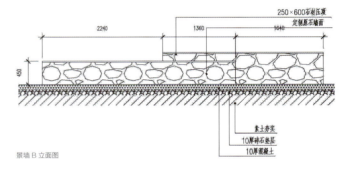

250×600石材压顶
定制原石墙面

景墙 B 立面图

素土夯实
10厚碎石垫层
10厚混凝土

▲ 景墙详图

禅意自然
02

公馆民宿

项目地点： 云南大理

花园面积： 437 m²

设计风格： 禅意自然

工程造价： 48 万元

设计师： 杨超、吴康婷

设计 / 施工： 云南朴树花园

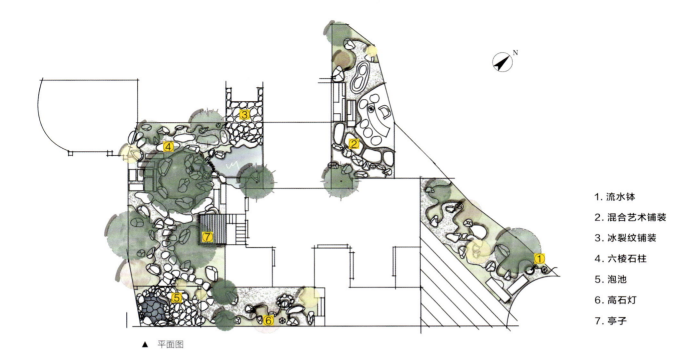

1. 流水钵
2. 混合艺术铺装
3. 冰裂纹铺装
4. 六棱石柱
5. 泡池
6. 高石灯
7. 亭子

▲ 平面图

■ 项目概况

　　该项目建筑业态为民宿，考虑到造价及打理因素，我们决定以低成本、低维护及高质感的方式进行打造。

　　院子分为一期和二期，一期我方介入时已经完工，未纳入此次改造内容，是一个完整的花境花园。

■ 设计构思

　　对于民宿，应考虑夏日的骄阳和冬日的萧瑟，因此，计划针对两个季节的不同状态进行设计。明媚的夏季拥有五彩的精灵，黄、绿、红、蓝、紫各司其职，如阳光般温暖，心境也随之欢快起来。冬季应多选用落叶乔木、常绿灌木和常绿地被的搭配，即使在无雪的冬日，也能呈现出一派生机勃勃的景象，为冬天添加一丝暖意。

　　作为民宿类项目，最引人注目的莫过于门头和外立面的设计了。因此，我们人为地提高了院内高差，将整个空间提高了 1.2 m，其形成的优势如下：

　　1. 院内外的视觉差，无须很高院墙便可保证民宿的私密性。

　　2. 原有院墙接近 2.5 m，提高院内标高也可降低院墙带来的压迫感。

　　3. 将整个空间及门头凸显，吸引旅客关注。

　　4. 现有场地建有客户自行加盖的地下室，导致地面无法按原有标高实现种植，提高院内标高后，便可实现设计目标。

　　由于一期的花境设计，正好体现了"风花雪月"中的"花"字，因此，二期设计中，便补齐了所欠缺的"风、雪、月"三境。

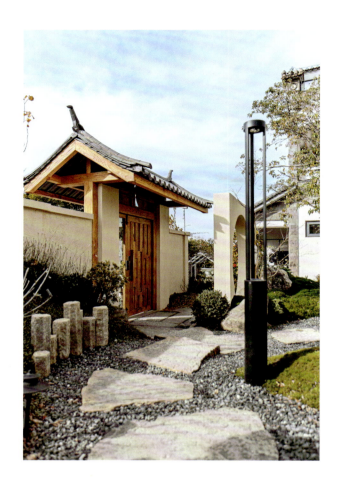

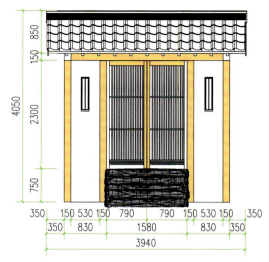

▲ 花园大厅主视图

风

  大理的风，带着时间的味道，轻轻吹入心扉，将繁忙的心绪抚平，慢慢坠入闲暇，带着洱海的轻柔味道。将圆润的线条与独特的设计融入花园之中，暖暖的阳光照着身体，温柔而又闲适。

▌花

　　鲜花盛开的季节，整个城市都弥漫着淡淡的花香，多彩的景色使人的心情都开朗起来。选用色叶植物，院中稍稍点缀一些色彩，映照着鲜花盛开的景象，向前的脚步都轻快了许多。

▌雪

　　冬季，阳光透过斑驳的树冠洒落大地，推开窗户，眺望着远处带着皑皑白雪的苍山，内心都安宁了不少。相对侘寂简约的院子，暖黄的墙体与远处的雪山融合起来，给整个冬日也染上了暖意。

▌月

　　晴朗的夜晚，一轮明月挂在树梢。院中景墙浑圆的月洞在灯光的映射下，哪怕是阴天，也犹如满月般挂于院中。

乐山庭

项目地点： 浙江台州
花园面积： 400 m²
设计风格： 现代自然
工程造价： 150 万元
设计师： 张明智、黄菁
设计 / 施工： 杭州原物景观设计有限公司

■ 项目概况

本设计旨在打造一个兼具现代风格和自然元素的独特会所空间，主要分为休闲餐厅区和茶室聚会区，结合多个景观节点，为客人提供丰富的空间体验。

■ 休闲餐厅区

休闲餐厅区具有独特的禅意功效，静心宁神。精选石材，通过阴阳石的搭配营造出宁静而深邃的枯山水小景，为用餐区域增添禅意氛围，同时结合石阶的穿插形成动感、流畅的空间连接，提升整体层次感。旁边的低矮花坛，以原始石材打造，不仅美化空间，也呈现出自然朴素的质感。烧烤台的设置，为人们提供了丰富多样的烹饪选择，也成为休闲区域的设计亮点之一。

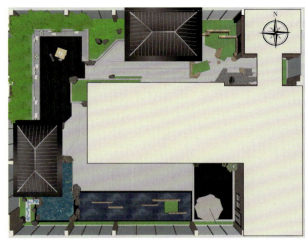

▲ 平面图

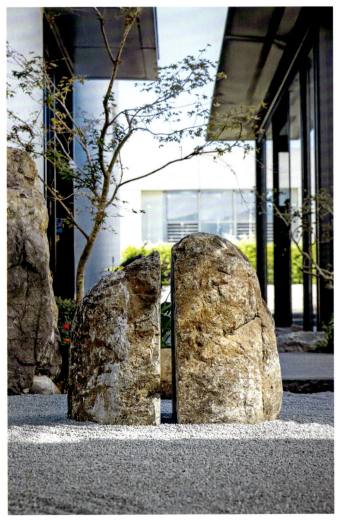

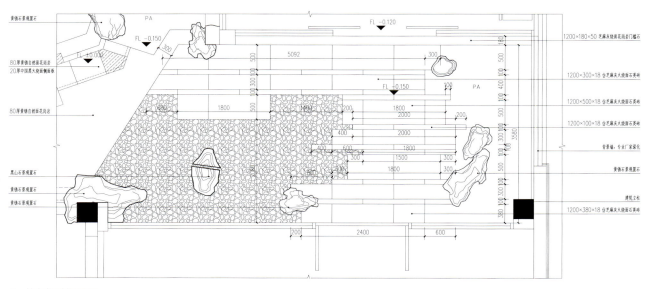

黄锦石景观置石

80厚黄锦自然面花岗岩
20厚中国黑火烧面侧面板

80厚黄锦自然面花岗岩

黑山石景观置石

黄锦石景观置石

黄锦石景观置石

PA

FL -0.150

FL ±0.000

FL -0.120

FL -0.150

PA

5092

1200×180×50 芝麻灰烧面花岗岩门槛石

1200×300×18 台芝麻灰大烧面石英砖

1200×500×18 台芝麻灰大烧面石英砖

1200×100×18 台芝麻灰大烧面石英砖

背景墙, 专业厂家深化

黄锦石景观置石

建筑立柱

1200×380×18 台芝麻灰大烧面石英砖

▲　枯山水区域平面图

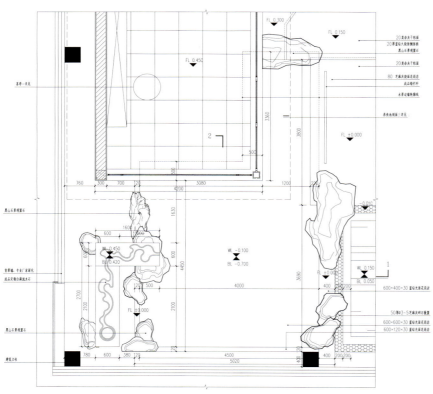

▲ 养鱼池平面图

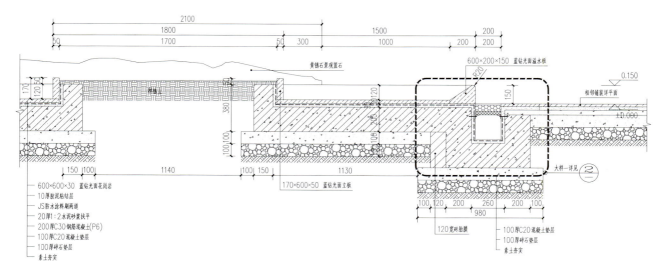

2100
1800
50 1700 50 300
1500
1000 200 200
200

黄锦石景观置石
600×200×150 蓝钻光面溢水板
0.150

380
相邻铺装评平面
±0.000

种植土
150

150 100
1140
100 150
1130
大样一详见
2

600×600×30 蓝钻光面花岗岩
10厚胶泥粘结层
JS防水涂料刷两道
20厚1:2水泥砂浆找平
200厚C30钢筋混凝土(P6)
100厚C20混凝土垫层
100厚碎石垫层
素土夯实

170×600×50 蓝钻光面立板

100 120 260 100
980

120宽砾胶膜
100厚C20混凝土垫层
100厚碎石垫层
素土夯实

▲ 特色水景剖面图

茶室聚会区

　　温馨雅致的木质平台，为茶室聚会区营造自然亲近的氛围，提供私密而舒适的用餐环境。布置舒适的休憩卡座，是放松身心的极佳场所。设计精致的会客茶亭，为顾客提供交流互动的空间，整个区域也更具社交氛围。侧面设有竹林小景，充分利用竹林元素，为茶室区域增添独特的自然氛围，静谧而清新。

　　小石潭景和现代流水景石实现了传统水景与现代元素的有机结合，增加了整体环境的动感与灵气，为空间增色不少。小石潭景观也为茶室区域引入清新的水景元素，提升视觉享受。

小结

　　通过以上的精心设计，本会所将成为一个融合自然与现代风格的独特场所，满足顾客在休闲用餐和社交聚会方面的多重需求，创造出舒适宜人的会客休闲环境。

禅意自然

04

琼景园

项目地点：浙江台州

花园面积：220 m²

设计风格：禅意自然

工程造价：70 万元

设计师：张明智、黄菁

设计 / 施工：杭州原物景观设计有限公司

项目概况

本项目位于城市中心的高档住宅区，业主希望花园能够成为家庭聚会、朋友交流以及日常放松的理想场所。

植物方面，要具有丰富的色彩和层次感，并确保每个季节都有不同的景观效果，且方便打理；空间方面，需包括适合家庭聚会的休闲区域，满足家庭成员的不同需求；照明方面，希望在园中设置柔和的灯光，确保夜晚也能享受美丽的景致，且增加安全性。

设计构思

叠山理水，移步换景，张弛有度，咫尺之内造乾坤。将本庭院巧妙地划分为五个功能独立而又相互衔接的区域，包括入户景观区、休闲观景区、禅意景观区、后院景观区和下沉景观区，每个区域都有其独特的景观节点，共同构建出一个和谐宜人的居住环境。

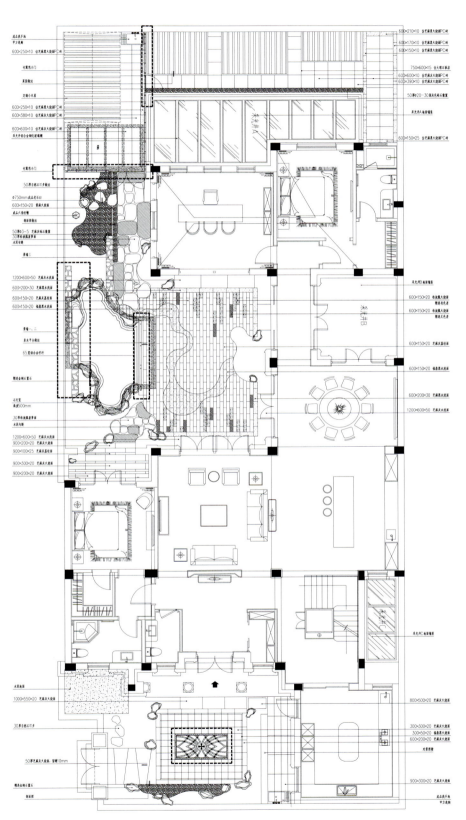

▲ 物料平面图

入户景观区

入户景观区以入户平台、景观小品、点景树和景墙为主要节点，不同节点间相互联系，共同构成一幅美丽的画卷。设计宽敞且独特的入户平台，增加入户仪式感，旁边精心布置景观小品，增添艺术氛围，同时利用景墙打造独特的视觉效果，提升整体氛围。

休闲观景区

休闲观景区的打造，旨在营造一个宜人的休憩环境。设计宽敞、舒适的平台，供居住者放松身心；配置特色绿植，为区域注入生气；利用流水景墙创造出宁静的氛围；布置景观鱼池，通过水景营造优雅的环境氛围。

禅意景观区

禅意景观区以特色绿植、枯山水景观和特色铺装为亮点，营造宁静的禅意氛围。选择传统且独特的植物，打造亲近自然的空间，同时利用石、砂等元素，打造枯山水景观。

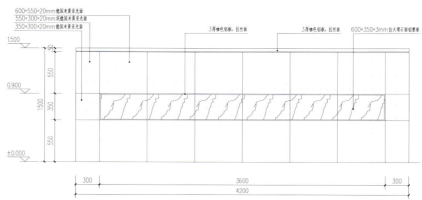

▲　照壁立面图

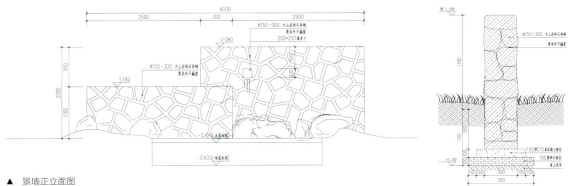

▲ 景墙正立面图

▲ 景墙立面图

后院景观区

后院景观区以菜地、特色绿植、设备间和工具房为主要节点，将观赏性与实用性完美融合。

下沉景观区

下沉景观区则通过置石景观呈现出独特的设计感，融合多样化的景观元素，为庭院增添层次和高差。

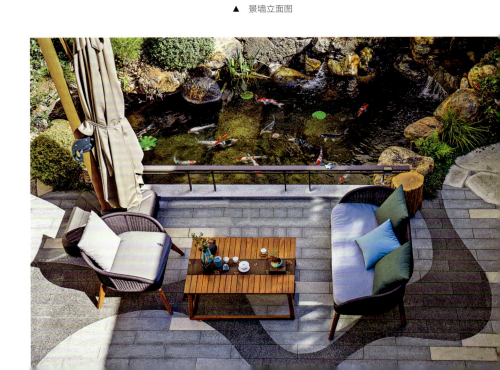

禅意自然
05

水镜庭

项目地点：重庆
花园面积：60 m²
设计风格：禅意自然
工程造价：15 万元
设计 / 施工单位：MUSO | 木守景观
摄影：MUSO 木守

▍项目概况

　　庭院围合建筑呈 L 形，是整个客厅向外延伸的空间。在这样一个几乎全为客厅延伸服务的户外空间，我们首先要做的就是建立围墙与外界分隔，其次是在客厅外面蓄一池镜水，打造一个内向安静的庭院空间。

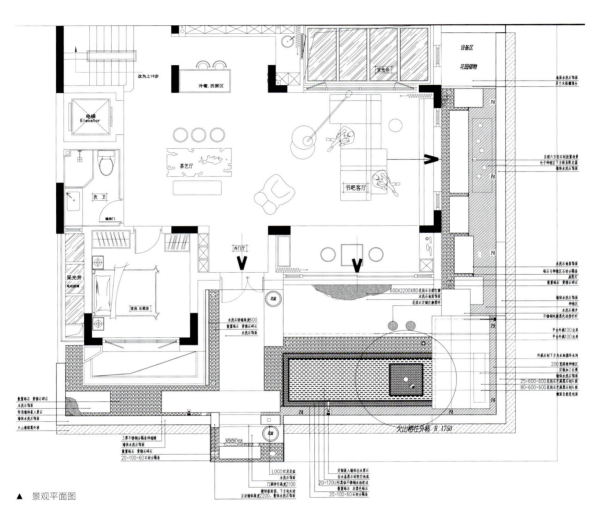

▲ 景观平面图

▌设计细节

一个能让人静心的空间，不仅在视觉上给人以柔和感，更多的是通过空间传递给人某种思想。一座居所，在其中能够静下来，缓下来，卸下防备，摘下面具，素颜净心，这就是灵魂的栖息之地，是心灵的停泊之所。回家的感觉是温暖的，有了入口门头，便有了庭院感。为了和素色的水洗石形成对比，门头及花园门采用了温润的木色。

碳化木的颜色温暖而热烈，和庭院灰色的水洗石基调正好互补。建筑雨棚与花园门头和谐统一，二者相得益彰，犹如一体。

侧面庭院的过道梯步让其富有层次，粗犷的岩石块和蕨类植物乃自然之物，郁郁葱葱，高低掩映，软硬兼容，层次错落。

大片大片的蕨类植物成丛生长，叶片的表层布满细密的绒毛，在阳光的照耀下闪烁出一层暖色的光，作为庭院里生命力旺盛的植物，与自然质朴的空间气息相得益彰。

院内的植物选择非常克制，自然生长的枫树、蔓延的蕨类，搭配灰色的硬质基底空间，让镜面之水漂浮在粗犷的岩石块上，空间显得素雅而安静。

水镜庭中，墙体内设置流水装置，流入水面都会形成一轮轮水波，打破镜面水景的平静。与镜面之水独有的精致相比，灰黑色和浅黄色的岩石块就显得粗犷了些，没有打磨圆润而是保留棱角的岩石，又让庭院增添了一份个性。

设计师特意在围墙上设计了一个竖向缺口，这样既可以让庭院内外有联系，也可以让路过的邻居瞄一眼水镜庭的内部景观。夕阳挥洒下来，让光影留在墙面，坐在水镜庭里静静地欣赏，任它在墙上舞动。

由酒杯演变而来的坐凳，伫立在水镜一侧，或许在冥想过后有种一饮而尽的酣畅，这正是酒杯和水景带来的深意。坐在这个地方，人的思绪似乎被一种"几何学精神"归纳并安放，渐渐地投放进水中，正如铃木大拙精神境界的核心——平静。

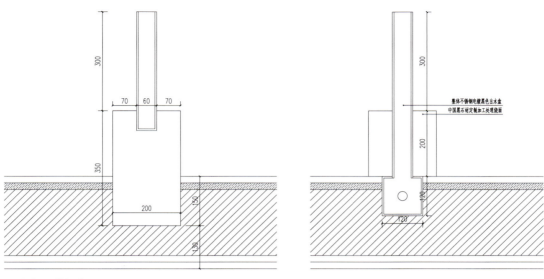

300

70 60 70

350

200

150

130

300

整体不锈钢电镀黑色出水盒
中国黑石材定制加工处理烧面

200

120

120

▲ 出水景石横切剖面图

350

200 150

450

露出墙体部分石材
嵌入墙体部分
中国黑石材定制加工处理烧面

150

300 30

200

120

120

整体不锈钢电镀黑色出水盒
出水前120×120不锈钢输水盒
进水管 预留25接水丝口
石材缺口200×200

150

70 60 70

450

30

120

60×30×3厚整体不锈钢电镀黑色出水盒
中国黑石材定制加工处理烧面

200

▲ 出水景石竖切剖面图

禅意自然
06

小飞瀑

项目地点：重庆
花园面积：150 m²
设计风格：禅意自然
工程造价：30 万元
设计 / 施工：MUSO | 木守景观
摄影：MUSO 木守

项目概况

此庭院背靠照母山，建筑与山体形成一个类似山谷的庭院空间，如同宋画《观瀑图》描绘的意境空间一样。经过与业主反复沟通，我们计划从画里提取意境元素——窗框、飞瀑、水潭、乱石、平台、石板桥、山谷，形成一个从画中走出来的观瀑庭院。

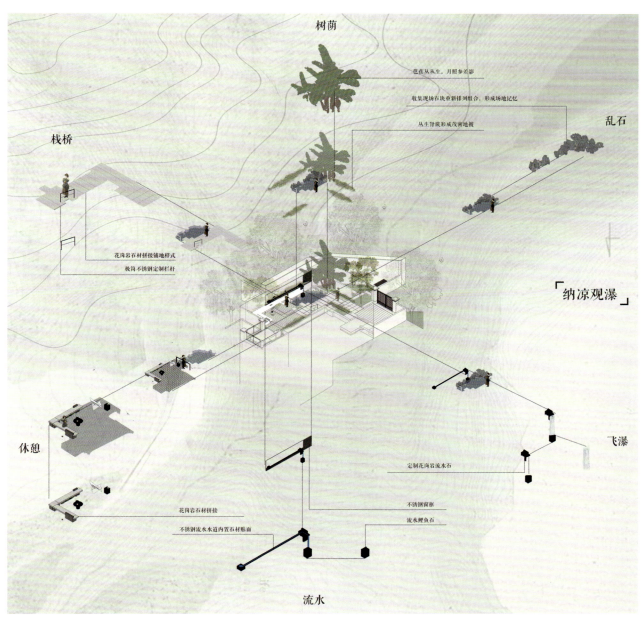

▲ 概念叠加

设计细节

在山谷一隅，观瀑庭掩映在葱郁的芭蕉野蕨之中，背景是峭壁高墙，高墙内有一横窗，横窗里有一水流，一端问渠可究其源头，另一端则飞瀑如练，急湍击石，瀑下潭清溪野，充满大自然的勃勃生机。

设计对植物的选择极为克制，任由野蕨自然生长，如同宋代美学拥有让我们如痴如醉的力量，却在克制中散发光芒。

飞瀑之下，有一块鲤鱼石置于水潭之中，与旁边的乱石不太一样。它端端正正，刚好处在"C位"，伫立在那儿接住飞瀑水流，激起水花四溅。

顺着小飞瀑的水流可究其源头。源头是如印章般方正的组合石头，中间有一小孔，泉水自孔中涌出，顺水道直至形成飞瀑。

潭水清浅，驳岸边乱石裸露，石上野蕨生长。荷叶舒展地躺在水面上，享受着水花带来的沐浴之感，恬静安然。

潭溪一侧犹如卧波栈桥，有的平行于水面，有的则悬挑深入其中，参差交错。

拾级而上，石材咬合交错铺道，台地两侧的蕨类地被丰富，绿意盎然，草色青青，苔痕上阶。木平台悬挑于潭溪边的乱石之上，蕨类在它周围包裹式地野蛮生长，坐在此处可听泉、观瀑、赏鱼，体会自然山水园林之境。

原本垂直高耸的堡坎墙，我们在它上面打开了一面内凹的横窗，虽不透风，也不框景，但却可以留白。

一条黑色架空的水道，横卧在墙窗的底部，肾蕨包围其中，犹如一排蕨类植物伸开双臂抱着水渠一样。

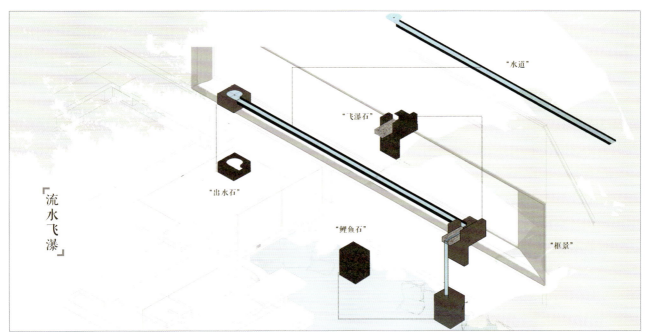

"水道"

"飞瀑石"

"出水石"

"鲤鱼石"

"框景"

『流水飞瀑』

▲ "流水飞瀑"小景

水道由钢材加工而成，黑色光面石材置于其中。通过一系列大小不一的石材进行理性组合，得到一个具有几何雕塑感的角落。它既是窗框里水道的源头，也是休憩平台石材坐凳的立面组成部分。

若干块不同尺寸的石材，像搭积木一样组合成围合坐凳。旁边点缀的木坐凳颜色温暖而热烈，和庭院绿色蕨类、灰黑色的基调正好互补。我们总是喜欢运用一些石材元素，因为它有独特的质感和审美，在历经风雨洗礼、岁月沉淀后依然历久弥新。

▶ "溪上栈桥"小景

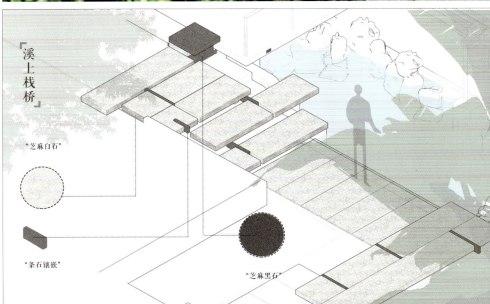

『溪上栈桥』

"芝麻白石"

"条石镶嵌"

"芝麻黑石"

PART 4

法式自然

将几何分布的园林与草地、布景结合，讲究对称的轴线结构和几何布局。

——［法］安德烈·勒诺特尔

理性自然观下的法式庭院

法式庭院，宛如一幅细腻规整的画卷，条理清晰地铺展在时光的长河中，是法兰西浪漫灵魂与精湛艺术的温柔交响。它滥觞于法国，不仅是欧洲园林艺术的璀璨明珠，更是法国深厚文化底蕴与历史沧桑的生动缩影。在这片精心雕琢的土地上，对称之美与几何之韵交织出一曲优雅与浪漫的颂歌，自16世纪至18世纪，其设计艺术攀上了巅峰，既彰显了对自然的驾驭与重塑，又以人工之妙，幻化出理想化的自然幻境。

法式庭院的设计，恰似一首气势恢宏、旋律优美而又逻辑清晰、章节分明的交响乐，每一个音符、每一个章节都经过精心编排，共同奏响出一曲和谐统一的华美乐章。

在对称与平衡的旋律中，法式庭院彰显出法国人对秩序与和谐的执着追求。庭院中的建筑、花坛、雕塑等元素，宛如乐章中的旋律线条，被巧妙地安排在主轴线的两侧，营造出一种庄重典雅、和谐有序的氛围。这种对称之美，不仅体现了法国文化中的严谨与精致，更如同一面镜子，

映照出人类内心深处对美好事物的无限向往。

几何图形与轴线对称的交织，为法式庭院增添了几分简洁明快的节奏感。庭院中的花坛和路径，被精心布置成圆形、椭圆形、方形等几何形状，宛如乐章中的音符，跳跃在庭院的每一个角落。这些几何图形的巧妙运用，不仅使庭院看起来更加简洁有序，更赋予了其独特的视觉美感。而那条贯穿庭院始终的中央轴线，则如同乐章的主旋律，引领着所有元素共同演绎出一曲动人的乐章。

细节与装饰的点缀，如同乐章中的华彩段落，为法式庭院增添了几分灵动与生机。雕饰精美的法式廊柱、线条流畅的天使雕像、大理石圆盘等艺术元素，被巧妙地融入设计之中，为庭院增添了几分高贵与典雅。而那些铁艺家具、复古灯具等生活用品的巧妙运用，则让法式庭院在浪漫与艺术的氛围中，更添一份生活的温馨与惬意。

植物的选择与修剪是法式庭院中不可或缺的一笔。那些精心修剪的球形、锥形植物，宛如乐章中的和声，为庭院增添了几分和谐与统一。而玫瑰、薰衣草等花卉的点缀，则为庭院增添了几分色彩与层次。这些花卉的芬芳与美丽，不仅丰富了庭院的感官体验，更让人们在欣赏美景的同时，感受到大自然的奇特魅力。

庭院水景的巧妙设计，则如同乐章中的高潮部分，将法式庭院的魅力推向极致。喷泉、壁泉、溢流、瀑布和跌水元素的巧妙运用，与石材结合形成了建筑化的水景效果。这些水景在阳光的照耀下闪烁着晶莹的光芒，宛如一颗颗璀璨的明珠镶嵌在庭院之中，增添了灵动与活力。

许多优秀庭院设计作品就借鉴了法式庭院的浪漫。卢塞恩花园，仿佛是梦境与现实交织的仙境，是现代法式庭院设计理念与自然风光完美融合的典范之作。安庆花园，则如同一幅细腻入微、色彩斑斓的画卷，缓缓展开在世人面前，尽情挥洒着法式庭院的精致与和谐之美。而圣堡别墅，更似一首悠扬动听的诗篇，将法式庭院的浪漫情愫与大自然的宁静和谐巧妙融合，编织出一幕幕令人心驰神往的梦幻场景。

法式庭院，不仅是一种园林风格，更是一种文化和艺术的深刻体现。它以其独特的对称美、几何美学以及对自然的精心雕琢，成为世界园林艺术中的瑰宝。无论是在历史的宫殿中还是在现代的都市里，法式庭院都以其永恒的魅力吸引着世人的目光。它如同一首流淌着浪漫与精致旋律的诗篇，永远在人们心中回荡着无尽的美丽与遐想。

法式自然
01

圣堡别墅

项目地点： 上海
花园面积： 600 m²
设计风格： 法式自然
设计师： 朱伟国、铭铭、朱荣
设计 / 施工： 上海东町景观设计工程有限公司
获奖： 第八届中国花园设计大奖赛"园集奖"优秀设计奖

■ 项目概况

设计根据场地特点和可能的变动，优化庭院布局和植物选择。为提升舒适性和实用性，不同的活动区域尽量满足家庭成员的不同需求。材料选择和细节处理上注重环保性和持久性，采用可回收或可再生材料减轻环境负担。精致的细节处理包括铺砖、花坛建设和藤蔓的生长引导等。

■ 侧院花园

在现有场地上，设计师计划保留并种植美国凌霄等爬藤植物，增添绿意。尽管它们目前状态不佳，但夏季和秋季将达到完美姿态，营造绿廊感觉。连廊一端设有端景，增加侧院的趣味性和视觉互动。

■ 端景

端景水流形成跌水的水系，观赏效果较佳。设计采用对称式布局，迎合法式园林的特点；铺装采用碎石，便于植物排水；绿篱分隔花园，凸显法式园林氛围。整体设计以绿色为主，与建筑暖色调形成对比，干净清爽。南花园使用坡道实现无障碍通行，充分利用空间。绣球作为不可或缺的造景元素，漂亮养眼且花期较长。

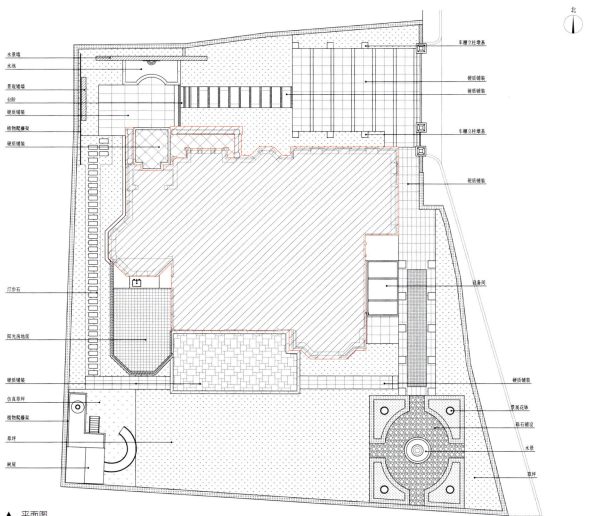

▲ 平面图

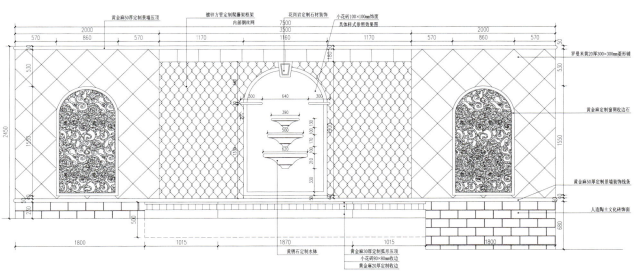

▲ 水景墙正立面图

■ 门厅平台区

门厅改造涉及平台提升，提供平坦的停留和缓冲空间。扩大平台以满足建筑体量的需要，同时改善视觉体验。采用镂空的装饰处理，与建筑中的特定元素相映衬，实现景观和建筑之间的视觉串联。

■ 花境

花境采用灌木球和绿篱相结合，方便修剪和维护。保留原有乔木并重新布局，符合自然风格。通过使用半高绿篱分隔不同空间，营造绿荫小道的感觉。由于该区域阳光较少，于是选择了耐阴的地被植物（熊猫堇）进行种植。

■ 阳光房

在西南角建造阳光房，用于聚会、品茶或做书房。阳光房顶部的透明设计与天空相连，采用格子和弧形门窗处理，与建筑协调统一；地面采用六角形砖，增加沉稳感，易于融入软装。

■ 儿童树屋

选择一棵大树来搭建儿童空间，与整个花园相融合。设计元素尽可能与建筑相呼应，如树屋的顶部与建筑的顶部采用相同的设计语言等。在树屋内部，孩子们可以仰望星空，欣赏整个花园的美景，且不会感觉闷热。

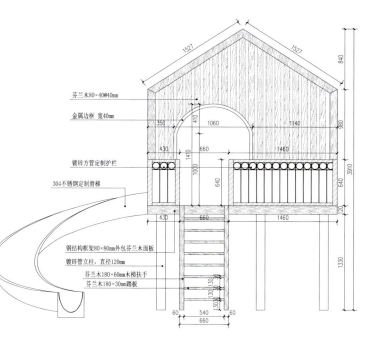

▲ 树屋立面图

法式自然
02

安庆花园

项目地点：安徽安庆
花园面积：1 200 m²
设计风格：法式 + 日式
工程造价：200 万元
设计师：翟娜
设计 / 施工：北京和平之礼造园机构

项目概况

花园因多年未住，园中植被已杂乱不堪，有些已枯死，有些只有半个冠幅在顽强生长，下层则杂草丛生，宛如一个荒废了半个世纪无人问津的旧宅。

年轻女业主委托我们设计建造，在讲述花园诉求时，透露出一个信息，这是一个有着传统家庭氛围的大家族，房子用来给长辈养老，节假日会有重要的家庭活动，希望这个花园能成为家族联系的纽带。

这个信息非常关键，最终决定了花园设计的定位和方向，也就是说，我们需要打造一个满足家庭三代成员共同使用的综合型花园，即一个长辈能颐养天年的休闲住所，一个晚辈探亲团聚时的度假场地，一个孙辈暑假回家的游乐场所。

▲ 平面图

1. 主入口对景
2. 林地花境
3. 花园座椅
4. 英式花境园路
5. 圣水盆小品
6. 就餐区
7. 操作台吧台
8. 躺椅区
9. 泳池
10. 户外淋浴
11. 框景种植
12. 休闲廊亭
13. 乒乓球台
14. 阳光草坪
15. 焦点树
16. 龙门瀑布
17. 溪流
18. 水潭
19. 石板碎拼平台
20. 日式小景
21. 南露台
22. 北露台

花园入口

由活动的中心区向北，通过整齐的桂花篱道后，便回到入口空间。这里的风格和中心区不同，有别于中心区的规则形状，自然而随性。一条弧形石板园路从停车区入口蜿蜒而至，连接着桂花篱道。

此区域增添了高大的乔木，分散种植，形成一片树林，能遮挡远处高楼的视线。林下散置碎石，零星种植低层植物，人可行走其中，也可偶尔闲坐。空间自由，活动不受限制，和中心区域之间用整齐的绿篱划分边界。

植物配置

植物设计方面，考虑到华东地区的气候特点，在品种选择上，突出"以点缀色为主，增添芳香为辅"的配置原则。保留原有成熟的乔木，保证竖向结构和建筑体量均衡，增加色叶植物（如乌桕、枫树）和开花乔木（如玉兰、樱花、桂花和蜡梅）。下层配置中，在绿色基底中增加粉色、蓝紫色、白色和黄色的开花植物，分区种植，提亮下层空间，同时延长花园的观赏时间。

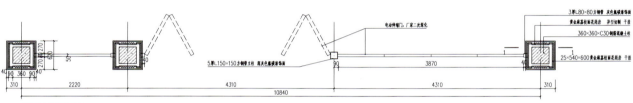

3厚L80×80方钢管 灰色氟碳喷涂面
黄金麻荔枝面花岗岩 异型切割 干挂
360×360×C30 钢筋混凝土柱
25×540×600黄金麻荔枝面花岗岩 干挂

电动伸缩门，厂家二次深化

5厚L150×150方钢管主柱 深灰色氟碳喷涂面

270 270 620
40 50
40 90 360 90 40
310 2220 4310 90 3870 4310 310
10840

▲ 花园大门平面图

■ 聚会功能区

考虑到主人对团聚的需求，我们将聚会功能区串联起来，形成功能区组团，集中分布在花园的东南角。此区域包含一个凉亭、一个泳池、一个户外厨房和就餐区域，沿着十字轴线延展分布，紧密连通，总活动面积达到100m²。其目的如下：

1. 容纳更多人数，聚拢活动人员，但要做到不形成强烈干扰；

2. 让场地具备弹性，根据活动类型灵活调整家具和布置，满足特殊需求的延展。

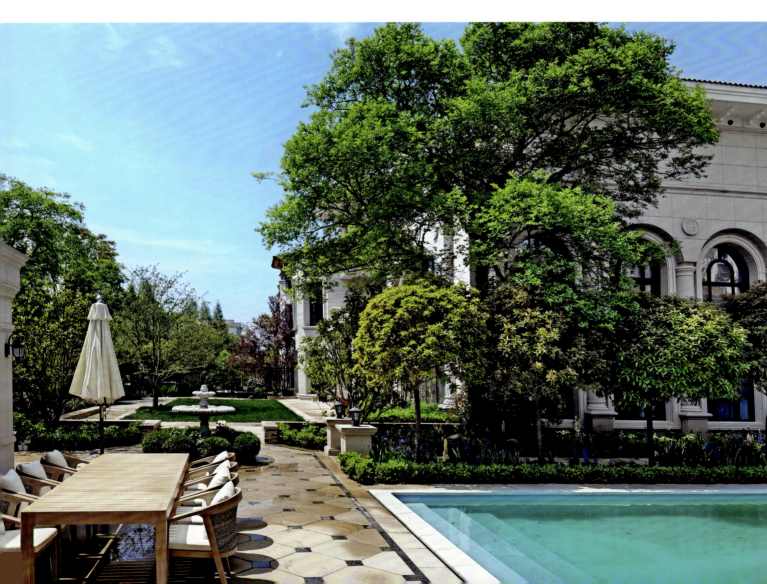

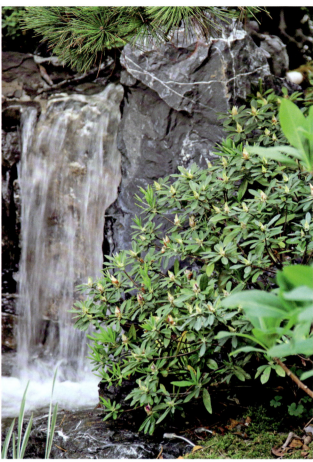

锦鲤池水景

从中心区向西，拾级而上，是阳光草坪，是中心区的视觉轴线延伸。草坪外是锦鲤池水景。如果说前两个空间一个自然、一个规则，那么这里就是自然和规则的叠拼。草坪平整简约，搭配种植焦点乔木，姿态舒展飘逸，与背后自然起伏的锦鲤池、郁郁葱葱的乔灌花草组团形成强烈对比，让视线得到充分延伸，拉远花园边界。

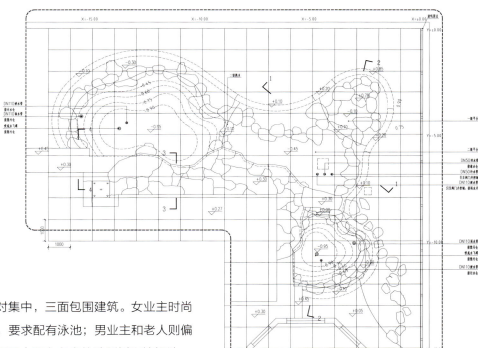

▲ 锦鲤池底平面图

风格场景转换

花园较大，场地分布相对集中，三面包围建筑。女业主时尚浪漫，青睐法式花园的优雅，要求配有泳池；男业主和老人则偏好厚重大气的东方园林，希望园中要有名贵的造型树和锦鲤池。

设计师在充分分析业主需求及室内外功能视线关系后，将西南角作为自然的锦鲤池区域，以配合室内茶室的观景视线，其他区域则为法式格调，两种风格的占地比例约为3：7。

抬高建筑南侧花园地坪，减少土方外运，同时配合风格场景转换。利用草坪上的孤植观赏树，隔绝由法式区域看向日式区域的视线，并将铺装做渐变处理，由普通的规格板花岗岩，过渡到厚重的自然原石碎拼。两种原本彼此冲突的风格，通过高差分层、视线遮挡、铺装渐变，实现了过渡衔接并顺应观景视线。

法式自然

03

卢塞恩花园

项目地点：江西南昌

花园面积：300 m²

设计风格：法式自然

设计 / 施工：上海沙纳景观设计

摄影：SARAH

■ 项目概况

业主喜欢浪漫，希望拥有一个美丽的花园，可以尽情感受自然的美好，享受平静和放松的时光。

设计师根据业主需求，用心打造了这个充满魅力的小天地，休闲而不失优雅，仿佛置身于异国他乡。

▲ 平面图

■ 设计细节

法式风格的浪漫代表着一种骨子里的情怀，这座法式轻奢小花园，将主人的浪漫情怀展现得淋漓尽致。

当你进入花园时，就会被它的美丽所吸引。设计师采用了欧洲风格的花境搭配组合，错落有致，让你的每次进出都是一场视觉盛宴。

入口处有一小片荷塘，绝对是吸引眼球的焦点。设计师将主人从欧洲淘回来的一座小天使雕像放在荷塘中心，花园瞬间增添了活泼气息，且不失优雅的趣味。

精心修剪的造型绿篱独具匠心，打造出四季常绿的花园景象，不仅给炎炎夏季带来清凉，还能在萧瑟的冬季保持勃勃生机，让花园始终焕发绿意。

规整的绿篱造型丰富了花园的层次，视觉效果也更加舒适，不仅是一道亮丽的风景线，更是一个功能性的围挡，自然而私密。

花园设计的独特之处，在于它巧妙地借用了周围的景观，使边界消失得无影无踪，不仅能感受到更为广阔的空间，也让主人的心情变得愉悦和放松，每一朵花、每一片叶子都显得鲜活而生动。在这里，可以享受到纯正的自然风光，微风拂面，聆听鸟儿的歌声，甚至可以闻到泥土清新的味道。

穿过浪漫的花廊，便可看到呈现出一派迷人景象的花园。想象一下，沿着荷塘漫步，轻松愉悦地穿越至侧花园的草坪花卉区，感受这个有机分割的空间带来的独特体验，这个巧妙的设计给花园带来了无尽的惊喜。

在花园底端，一座独具匠心的小木屋悄然矗立，实用且具美观性。设计师巧妙地运用混合花境设计，为小木屋营造出一种度假休闲的氛围，让人仿佛置身于异国他乡。即使是花园的尽头，也是一个充满休闲氛围的角落，主人在此安置了一款精致的小茶几，让您享受轻松的休闲时光，丝毫不会感到拥挤和狭小。

镜面窗户的独特设计更是将园内的美景无限延伸，使得空间更为开阔。设计师本人也对此爱不释手，常常沉浸在这片美景中，流连忘返。

法式自然　159

法式自然
04

云顶佳苑

项目地点：浙江台州
花园面积：320 m²
设计风格：法式自然
设计 / 施工：上海沙纳景观设计
摄影：SARAH

■ 项目概况

项目坐落于白云山脚下，环境优美，周边交通便利，商业氛围浓厚。房屋设计充分考量了舒适性与实用性，为景观的营造奠定了较好的基础。

业主崇尚自然，享受平静的美好，希望在悠然自得中得到滋养，这也是我们打造这座花园的初衷。

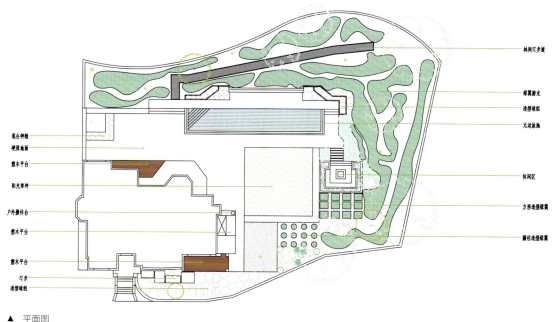

林间打步道
绿篱造光
造型球组
无边泳池

休闲区

方形造型绿篱

圆柱造型绿篱

混合种植
硬质地面
墅木平台
阳光草坪
户外操作台
墅木平台
墅木平台
打步
造型球组

▲ 平面图

■ 设计细节

这片坐落于半山别墅的庭院，以其独特的设计，将花园与自然景色相互交织，为白天和夜晚带来两种截然不同的体验。

白昼时分，微风轻拂，阳光透过绿叶洒向地面，点缀着娇艳的花朵。白色绣球与周边的绿色山景完美融合，营造出一个宁静而充满生机的场景，将你引入一个自然与人文共生的奇妙境界。

与此同时，这片迷人的别墅花园中还隐匿着一个私家泳池。清澈的水面在阳光下波光粼粼，与植物的绿色和谐共舞。想象一下，在夏日某个宁静的早晨，主人轻轻踏入凉爽的水中，感受水漫肌肤的舒适，那是一种何等惬意的享受。设计师正是通过精心的布局，将这片绿色天地打造成了一个令人向往的避世之所。

每当夜幕降临，花园则变幻出神秘的美感。星星点点的夜空与花海交相辉映，创意的照明设计将白色绣球的美丽烘托得更为显著，宛如一幅优美的画卷。

白天与夜晚，花园在不同的时段里呈现出别样的魅力，仿佛是一个可以随时倾听心跳的地方。置身其中，轻轻抚摸着绣球的花瓣，似乎与天地融为一体了。你可以沉醉于白昼的清新，也可以迷恋于夜晚的宁静。在这片美丽的角落，我们不仅是欣赏者，更是与自然亲近的一分子。

花园的设计并不仅仅局限于平面的呈现。我们深知，自然山势带来的高差也是它的独特之处。设计师沿着自然山势，打造出宛如游龙般的景观，将花园的美感与立体感相融合。

不同高度的平台上，白色绣球映衬着山林的青翠，漫步其中可充分感受到不同角度的美景，仿佛是走进了一幅立体的画作。

这个半山别墅花园的美是自然的馈赠，更是设计的巧思。设计师以独特的手法，将花园与自然山景融为一体，呈现出丰富的层次感与美学价值。

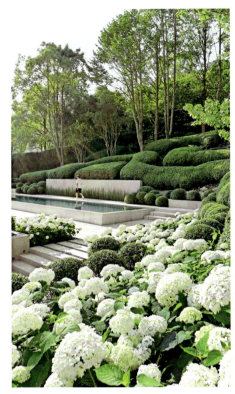

图书在版编目（CIP）数据

自然风庭院 / 高钰琛等著. -- 南京 : 江苏凤凰美
术出版社, 2025. 6. -- ISBN 978-7-5741-2953-5

Ⅰ. TU986.2

中国国家版本馆 CIP 数据核字第 2025NT7336 号

出 版 统 筹　王林军
策 划 编 辑　段建姣　石　艳
责 任 编 辑　李秋瑶
责任设计编辑　赵　秘
装 帧 设 计　毛欣明
责 任 校 对　唐　凡
责 任 监 印　于　磊

书　　　名　自然风庭院
著　　　者　高钰琛　郑文霞　郑亚男　高红
出 版 发 行　江苏凤凰美术出版社（南京市湖南路1号　邮编：210009）
总 经 销　天津凤凰空间文化传媒有限公司
印　　　刷　雅迪云印（天津）科技有限公司
开　　　本　889 mm × 1 194 mm　1/16
印　　　张　10.5
版　　　次　2025年6月第1版　2025年6月第1次印刷
标 准 书 号　ISBN 978-7-5741-2953-5
定　　　价　98.00元

营销部电话　025-68155675　营销部地址　南京市湖南路1号
江苏凤凰美术出版社图书凡印装错误可向承印厂调换